Ounissa Senhadji-Kebiche

Transport d'Ions Métalliques Toxiques par Membranes d'Affinité

AF281705

Ounissa Senhadji-Kebiche

Transport d'Ions Métalliques Toxiques par Membranes d'Affinité

Transport facilité d'ions métalliques toxiques par membranes polymères d'affinités

Presses Académiques Francophones

Impressum / Mentions légales

Bibliografische Information der Deutschen Nationalbibliothek: Die Deutsche Nationalbibliothek verzeichnet diese Publikation in der Deutschen Nationalbibliografie; detaillierte bibliografische Daten sind im Internet über http://dnb.d-nb.de abrufbar.
Alle in diesem Buch genannten Marken und Produktnamen unterliegen warenzeichen-, marken- oder patentrechtlichem Schutz bzw. sind Warenzeichen oder eingetragene Warenzeichen der jeweiligen Inhaber. Die Wiedergabe von Marken, Produktnamen, Gebrauchsnamen, Handelsnamen, Warenbezeichnungen u.s.w. in diesem Werk berechtigt auch ohne besondere Kennzeichnung nicht zu der Annahme, dass solche Namen im Sinne der Warenzeichen- und Markenschutzgesetzgebung als frei zu betrachten wären und daher von jedermann benutzt werden dürften.

Information bibliographique publiée par la Deutsche Nationalbibliothek: La Deutsche Nationalbibliothek inscrit cette publication à la Deutsche Nationalbibliografie; des données bibliographiques détaillées sont disponibles sur internet à l'adresse http://dnb.d-nb.de.
Toutes marques et noms de produits mentionnés dans ce livre demeurent sous la protection des marques, des marques déposées et des brevets, et sont des marques ou des marques déposées de leurs détenteurs respectifs. L'utilisation des marques, noms de produits, noms communs, noms commerciaux, descriptions de produits, etc, même sans qu'ils soient mentionnés de façon particulière dans ce livre ne signifie en aucune façon que ces noms peuvent être utilisés sans restriction à l'égard de la législation pour la protection des marques et des marques déposées et pourraient donc être utilisés par quiconque.

Coverbild / Photo de couverture: www.ingimage.com

Verlag / Editeur:
Presses Académiques Francophones
ist ein Imprint der / est une marque déposée de
OmniScriptum GmbH & Co. KG
Heinrich-Böcking-Str. 6-8, 66121 Saarbrücken, Deutschland / Allemagne
Email: info@presses-academiques.com

Herstellung: siehe letzte Seite /
Impression: voir la dernière page
ISBN: 978-3-8416-3174-9

Zugl. / Agréé par: Bejaia, Université A. Mira de Bejaia, 2008

Remerciements

Ce travail a été accompli à l'Université Abderrahmane Mira de Béjaia au sein du laboratoire des matériaux organiques. Il a été proposé et pu être réalisé dans le cadre de deux projets de recherche : un projet national CNEPRU N° J 010062 00 600 19 et un projet de coopération DPGRF/CNRS N° 18429, avec l'Institut Européen des Membranes UMR CNRS- Université de Montpellier II –France.

Je tiens particulièrement à remercier Monsieur Mohamed BENAMOR, Professeur à l'université de Béjaia, pour m'avoir accueilli au sein de son équipe. Je le remercie pour sa patience, sa compréhension, sa grande disponibilité et son aide indispensable qui ont rendu ce travail très enrichissant.

Je remercie dans les mêmes termes Monsieur Patrick SETA Directeur de recherche de l'Institut Européen des Membranes (CNRS Montpellier-France), pour sa grande disponibilité, ses orientations, sa façon bien à lui de faire avancer rapidement les choses. Je ne saurais oublier ses qualités humaines et ses encouragements ainsi que pour son accueil toujours chaleureux au sein de son équipe de recherches.

Cette page ne serait pas complète sans les remerciements de la famille. Evidemment je remercie mes parents pour tout ce qu'ils ont fait pour moi, pour m'avoir aidé et soutenu dans tous les moments de ma scolarité. Mes Sœurs et frères qui m'ont souvent encouragé. Mon Mari qui a bien su m'aider et m'encourager le long de ces années de réalisation de ce travail de recherche.
Pour finir, je remercie tous mes amis.

TABLE DE MATIERE

CHAPITRE III **80**

EXTRACTION LIQUIDE-SOLIDE ET TRANSPORT FACILITÉ D'IONS MÉTALLIQUES À TRAVERS DES MEMBRANES LIQUIDES SUPPORTÉES ET POLYMÈRES À INCLUSION

Liste des abréviations

2-FPNPE : 2-fluorophenyl 2-nitrophenyl éther.

2-NPOE: 2-Nitrophenyl octyl éther.

2-NPPE: 2-Nitrophenyl pentyl éther.

Aliquat 336 (TOMAC): Trioctylmethylammonium chloride.

ATD: Analyse thermique différentielle.

ATG: Analyse thermogravimétrie.

BBPA: Bis(1-butylpentyl)adipate.

BEHP: Bis(2-éthylhexyl)phthalate.

CAB: Cellulose acétate butyrate.

CAP: Cellulose acétate propionate.

CDTA: Acide cyclohexanediamine tetraacétique.

CMPO: Octyl(phenyl)-N,N-diisobutyl carbamoylmethyl phosphine oxide.

Cyanex-272: Acide di(2, 4, 4-trimethylpentyl) phosphinique.

Cyanex-301: Acide di(2, 4, 4-trimethylpentyl) dithiophosphinique.

Cyanex-302: Acide bis(2, 4, 4-trimethylpentyl) monothiophosphinique.

Cyanex 921: Tri-n octyl phosphine oxide.

CTB : tributyrate de cellulose

D2EHDTPA: Acide di(2-ethylhexyl) dithiophosphorique.

D2EHPA: Acide di(2-ethylhexyl) phosphorique.

DA18C6 : Diaza-18-crown-6 ether.

DB18C6 : Dibenzo-18-crown-6 ether.

DBP: Dibutyl phthalate.

DBS: Dibutylsebacate.

DC18C6: Dicyclohexano-18-crown-6 ether .

DNNS: Acide dinonylnaphthalene sulfonique.

DOA: Bis(2-ethylhexyl) adipate.

DOP: Dioctylphthalate.

DOS: Dioctylsebacate.

DOTP: Bis(2-ethylhexyl)terephthalate.

DRX: Diffraction des rayons X.

EB : Ethylbenzoate.

EEB : Acide benzoïque 2-ethoxyethyl ester.

EPEG : Ethylphthalyl éthyle glycolate.

FTIR: Spectrophotométrie infrarouge à transformée de Fourier.

HPBI : 3-phenyl-4-benzoylisoxazol-5-one.

Ionquest-801: Acide di(2-ethylhexyl) phosphonique.

Kelex 100: 4-ethyl-1-methyloctyl-8 hydroxyquinoline.

L: Ligand

LIX® 84-I: 2-Hydroxy-5-nonylacetophenone oxime.

M : Métal

MEB: Microscope électronique à balayage.

ML : Membrane liquide.

MLE : Membrane liquide à émulsion.

MLS: Membrane à liquide supporté.

MLV : Membrane liquide volumique.

MPI: Membrane polymère à inclusion.

NPHE: p-Nitrophenyl-n-heptyl ether.

PP: Polypropylène.

PTFE: Polytétrafluoroéthylène

PVC: Poly(vinyl chloride).

PVDF: Difluorure de polyvinylidène

SAA: Spectrophotométrie d'absorption atomique.

TAC: Triacétate de Cellulose.

T2EHP: Tris(2-ethylhexyl)phosphate.

TBP: Tributylphosphate.

TBAB: Tributyl ammonium bromide

TBEP: Tri 2-n butoxyethylphosphate.

TCP: Tricresyl phosphate.

TDPNO: 4-(1'-n-tridecyl) pyridine N-oxide.

TIOA: Tri iso-octylamine.

TOA: Tri-n-octyl amine.

TODGA: N,N,N',N'-Tetraoctyl-3-oxapentanediamide.

TOF: Tris (2-éthylhexyl) phosphate.

TOPO: Tri-n-octyl phosphine oxide.

TOPS-99: di-nony phenyl phosphorique acid.

INTRODUCTION GÉNÉRALE

Les procédés de séparation, mettant en œuvre des membranes organiques ou minérales sont largement utilisés actuellement dans différents domaines de l'activité industrielle : bio-industries, santé, environnement, traitement de l'eau, des gaz … Ils sont basés sur les propriétés d'une barrière perméable qui sépare deux phases et permet le transfert sélectif de certaines espèces d'une phase à l'autre.

La sélectivité de ce transfert s'opère selon différents processus dont les principaux sont :

l'exclusion :

- par la taille (micro et nano filtration). Il s'agit alors de membranes nano et microporeuses,
- par la charge électrique de la surface et du cœur de la membrane. Ce sont les membranes chargées ou membranes d'électrodialyse utilisées dans les procédés électro-membranaires,
- enfin par des mécanismes dits d'affinité, où le transport sélectif est assuré par le jeu d'interactions locales et l'introduction de systèmes de reconnaissance spécifique « carriers ». Dans ces derniers cas il s'agit de membranes liquides à transport facilité ou solides principalement de type polymère pour le transport et la séparation des fluides, où les effets de solubilité dans la phase membrane sont discriminants.

Ces procédés peuvent être utilisés pour clarifier ou purifier des milieux liquides en éliminant les particules indésirables d'un fluide (espèces en suspension, composés colorés, bactéries...) concentrer, fractionner ou séparer plusieurs constituants.

Le développement des procédés membranaires pour le traitement des effluents industriels est en pleine expansion au cours de ces dernières décennies. Les principaux atouts de ces techniques membranaires sont l'utilisation possible en continu sur une chaîne déjà existante, la non-altération ou du moins la bonne préservation des composés séparés, ce qui est capital dans les procédés bio-alimentaires, la séparation physique sans ajout de produits chimiques, d'où l'appellation de technologie "propre". Par ailleurs les procédés membranaires sont en général assez peu consommateurs d'énergie en comparaison des procédés séparatifs plus conventionnels.

Les procédés à membranes liquides où la phase membrane est un milieu liquide représentent une technique alternative pour le traitement des solutions diluées. Ils offrent plus d'avantages que l'extraction liquide-liquide, classiquement utilisée, notamment, l'utilisation de petites quantités de solvant et la possibilité d'exploiter des extractants onéreux en raison des faibles pertes de ces derniers, les procédés électro-membranaires ayant quant à eux des rendements assez faibles dans ces domaines de faibles concentrations d'espèces à séparer.

Cette technique est basée sur le transfert de matière à travers une phase liquide qui possède les caractéristiques d'un solvant d'extraction. Elle a été proposée pour la récupération et la concentration de nombreux métaux à l'état de traces. L'avantage des membranes liquides est de récupérer directement l'espèce transportée dans une nouvelle phase aqueuse de stockage. La phase organique qui est en fait la phase membrane sélective, n'est pas dans ce cas une phase de stockage, mais seulement une phase de transit.

Les membranes liquides d'affinité représentent des systèmes de choix pour le traitement des milieux liquides contenant des ions métalliques. Le principe de fonctionnement de ces membranes repose sur le concept de transport facilité qui fait intervenir une molécule complexante spécifique, qui par des interactions appropriées, peut reconnaître un soluté en particulier et ainsi accélérer son transfert de façon sélective vers la phase d'extraction (phase dite réceptrice).

Parmi ces membranes, on peut distinguer les membranes liquides épaisses, où une épaisseur de liquide organique de plusieurs millimètres est nécessaire, les membranes liquides supportées (MLS) où la partie membrane liquide est immobilisée dans une matrice polymère poreuse d'épaisseur bien plus réduite. Ces systèmes sont élaborés à partir d'un support polymère poreux inerte qui par le jeu de forces capillaires va confiner le liquide organique qui va de ce fait se comporter comme une membrane liquide épaisse mais d'épaisseur plus réduite favorable à une vitesse de transport plus rapide. Dans ce cas, la solution organique contenant une molécule complexante spécifique (transporteur) est le plus souvent apportée par imbibition du support polymère. Le polypropylène est à ces fins le support polymère le plus utilisé en raison de sa grande porosité (grand volume poreux en regard du volume de la membrane), qui génère les meilleurs flux à travers les MLS. Ces processus membranaires présentent plusieurs avantages comparés à l'extraction liquide-liquide. Ils sont très nettement moins consommateurs de solvants organiques, ce qui est un critère important aujourd'hui, eu égard aux contraintes de protection de l'environnement et de limitation des rejets toxiques, et permettent un fonctionnement en une seule étape, puisque les deux étapes d'extraction et de réextraction se font de manière couplée aux deux interfaces. Cette notion a conduit à proposer le terme de « processus unitaire » lorsqu'il s'agit de procédé membranaire, par opposition aux autres procédés séparatifs qui nécessitent plusieurs opérations consécutives pour aboutir à la même séparation.

Malgré les avantages qui accompagnent l'utilisation des MLS, ces systèmes ne sont jamais parvenus, jusqu'à nos jours, à conquérir véritablement le domaine industriel.

La très réduite implication des membranes liquides supportées à l'échelle industrielle est principalement due à leur manque de stabilité et donc à leur durée de vie limitée, ce qui est un handicap sérieux pour une application industrielle. La dissolution partielle des composés de la phase membranaire dans les phases aqueuses extra-membranaires est l'une des principales causes du manque de stabilité de ces systèmes. La perte partielle de la phase liquide membranaire à partir du polymère support, par « démouillage » est une autre des raisons invoquées de cette faible stabilité.

Depuis une vingtaine d'années, des efforts considérables ont été fournis pour apporter des remèdes à ce problème, afin de trouver des idées originales pour élaborer des MLS présentant une durée de vie accrue.

L'une des solutions proposées a consisté à piéger le transporteur dans une matrice polymère plastifiée à l'aide d'un plastifiant approprié, ce qui améliore la qualité de son immobilisation. Les systèmes membranaires ainsi obtenus, sont appelés membranes polymères à inclusion (MPI). Ils constituent un nouveau type de membrane d'affinité et présentent des propriétés voisines de celles des membranes liquides à transport facilité. Les MPI peuvent être développées pour étudier la séparation et la récupération d'ions métalliques et concevoir des systèmes d'affinité potentiellement plus réalistes en vue d'une utilisation dans des procédés industriels.

Il est à noter aussi que si le mécanisme de transport est bien du type diffusionnel dans les MLS, dans le cas des MPI le mécanisme de transport qui a été proposé ferait intervenir des sauts 'hopping' des entités transportées. Cette proposition de mécanisme a été soutenue par de nombreux auteurs qui ont qualifié les MPI de membranes à sites complexants fixes. Une révision de ce mécanisme de transport a été très récemment proposée, et on parle actuellement plutôt d'un mécanisme qui ferait intervenir une évolution des interactions chimiques entre les composants de la MPI (système ternaire polymère-solvant-transporteur) conduisant à une sorte de transition de phase de la membrane, c'est à dire à un véritable changement d'état physique aboutissant à la formation d'une pseudo phase liquide organique interne, qui conférerait à une MPI un comportement de MLS. L'existence de micro-domaines liquides de molécules de transporteurs solvatées par le plastifiant et leur croissance au fur et à mesure que la concentration du transporteur dans le polymère augmente sont à la base du concept de transition de phase proposé. Les micro-domaines liquides lorsqu'ils deviennent plus nombreux coalescent au cœur du polymère et finissent par former des micropores liquides transmembranaires. Le complexe et le transporteur diffusent alors à travers ces domaines liquides comme que dans les pores des MLS.

Le travail de thèse qui est présenté ici a pour but d'élaborer des membranes d'affinité des deux types (MLS et MPI) pour d'une part, les caractériser par des techniques d'étude de structure les plus classiquement utilisées pour caractériser les membranes (la microscopie à balayage (MEB), l'analyse thermogravimétrique (ATG), la spectrophotométrie IR (FTIR) et la diffraction des RX (DRX)) et d'autre part, évaluer leurs propriétés de transport dans des applications de récupération et de séparation ionique, ainsi que leur stabilité qui au-delà de l'efficacité sera le critère fort de réalisme d'extrapolation à un procédé industriel. De ce fait, un intérêt tout particulier a été réservé à l'étude de la stabilité de ces membranes lors de leur utilisation pour transporter et séparer des ions métalliques.

Au-delà de cette introduction ce manuscrit est composé de trois chapitres : Le premier est axé sur la présentation du concept de membrane d'affinité. Il comprend une étude bibliographique qui présente le principe de fonctionnement de ces membranes biomimétiques (inspirées des processus de transport sélectif des membranes naturelles) et les avancées récentes de ces systèmes membranaires. Nous nous attacherons à mettre en exergue le rôle capital du transporteur (complexant) sur les performances des membranes de transport facilité. Notre attention portera aussi sur les différents types d'interactions entre composants de la membrane mis en jeu.

Dans le deuxième chapitre, seront exposés les différents outils de mise en œuvre pratique des membranes étudiées, le dispositif utilisé pour l'opération de transport et des différentes techniques exploitées pour la caractérisation des membranes et pour l'analyse des espèces métalliques étudiés.

Le troisième chapitre concerne d'une part, l'élaboration et les caractérisations des membranes liquides supportées et des membranes polymères à inclusion dans les cas particuliers d'applications séparatives retenus et d'autre part, la présentation des propriétés dynamiques de ces membranes à travers différentes expériences de transport d'ions métalliques : Cd(II), Zn(II), Pb(II), Cr(VI) se trouvant sous différentes spéciations cationiques et anioniques, dans des solutions aqueuses.

Enfin une conclusion où nous tenterons de tirer un bilan objectif de l'intérêt d'utiliser des MPI par rapport aux MLS pour résoudre les problèmes de séparations ioniques envisagés et juger à partir des résultats obtenus de la capacité de tels systèmes à s'intégrer dans une chaîne de procédés séparatifs en vue d'un transfert industriel.

CHAPITRE I

MEMBRANES D'AFFINITÉ POUR LE TRANSPORT FACILITÉ DE SOLUTÉ EN MILIEU AQUEUX

I- CONSIDÉRATIONS GÉNÉRALES

Les procédés de séparation, mettant en œuvre des membranes minérales ou organiques, sont basés sur les propriétés d'une barrière perméable qui sépare deux phases et permet le transport sélectif de certaines espèces d'une phase à l'autre. Il s'agit de méthodes de séparations douces, économiques en énergie et respectueuses de l'environnement.

I-1. Définition

Une membrane est une barrière de quelques centaines de nanomètres à quelques millimètres d'épaisseur, sélective, qui sous l'effet d'une force de transfert va permettre ou empêcher le passage de certains composants entre deux milieux qu'elle sépare. La force de transfert recouvre le gradient de pression, de concentration, d'activité ou de potentiel électrique. De ce fait les membranes incluent une grande variété de matériaux et de structures qui forment autant de possibilités de configuration et de classification [1].

Une membrane peut avoir une structure homogène ou hétérogène, symétrique ou asymétrique. Elle peut être solide ou liquide et composée de matière organique ou inorganique. Elle peut aussi être neutre ou peut porter des charges positives ou négatives, ou des groupements fonctionnels avec des liaisons spécifiques ou des capacités de complexation [2].

I-2. Matériaux et structures des membranes synthétiques

Les membranes synthétiques montrent une grande variété dans leur structure physique et dans les matériaux dont elles sont fabriquées. Sur la base de leur structure, elles peuvent être classées en différents groupes [2] :

- les membranes poreuses,

- les membranes homogènes solides,

- les membranes composites

- les membranes solides portant des charges électriques,

- les films liquides ou solides contenant des transporteurs sélectifs.

Les matériaux dont sont préparées les membranes peuvent être des polymères, des céramiques, du verre, des métaux, ou des liquides.

I-2-1. Membranes symétriques et asymétriques

Dans les membranes à structure symétrique, les propriétés de transport sont identiques dans toute la section du film et c'est l'épaisseur de la membrane entière qui détermine le flux. Les membranes symétriques sont essentiellement utilisées en dialyse et électrodialyse. Dans les membranes asymétriques, aussi bien la structure que les propriétés de transport varient dans la membrane entière. Une membrane asymétrique est composée d'une fine couche de 0,1 à 1 µm d'épaisseur sur une substructure poreuse de 100 à 200 µm. La fine couche représente la barrière sélective de la membrane asymétrique. Ces membranes ont été utilisées à l'origine dans les processus d'osmose inverse, d'ultrafiltration, ou de séparation de gaz et de vapeur.

I-2-2. Membranes denses homogènes

Ce sont des films denses à travers lesquels un mélange de molécules est transporté par un gradient de pression, de concentration ou de potentiel électrique. Les membranes denses homogènes se rapportent au type de membrane fonctionnant selon le principe de solution-diffusion. Les membranes homogènes sont essentiellement utilisées pour séparer des composés qui ont des tailles similaires mais qui sont de nature chimique différente, dans des procédés comme l'osmose inverse, la séparation de gaz et la pervaporation.

I-2-3. Membranes d'échange ionique

Ce sont des films portant des groupements chargés. Ils se composent de gels hautement gonflés portant des charges positives ou négatives fixes. Bien qu'il existe un certain nombre de matériaux inorganiques à échange d'ions, ce sont plutôt les matériaux polymères qui sont les plus nombreux. Leur principal domaine d'application est l'électrodialyse et l'électrolyse.

I-2-4. Membranes liquides

Les membranes liquides sont essentiellement utilisées en combinaison avec ce qu'on appelle le transport facilité qui est basé sur le transport sélectif de certains composés (ions métalliques par exemple) moyennant des complexants appelés transporteurs dans ce cas. En général, il n'y a pas de difficulté pour préparer des films fluides fins, cependant il est difficile de maintenir et de contrôler ces films et leurs propriétés pendant le processus de séparation, d'où la nécessité d'un renforcement de la membrane liquide par un support solide. Ces membranes sont utilisées à l'heure actuelle à l'échelle pilote, pour la récupération sélective des métaux lourds ou de certaines molécules organiques des effluents industriels. Elles ont été plus efficacement employées pour la séparation de l'oxygène et de l'azote.

I-2-5. Membranes à transporteurs fixés

Ces membranes consistent en des structures homogènes ou poreuses avec des groupements fonctionnels, qui transportent sélectivement certains composés chimiques. Les membranes à transporteurs fixés peuvent avoir une structure symétrique ou asymétrique en fonction de leur application. Actuellement, elles sont utilisées en co- et contre-transport et dans la séparation des mélanges alcane/alcène.

I-2-6. Autres membranes

Au cours des dernières années, de nouvelles membranes inorganiques ont été préparées à partir de zéolites et plus récemment de perovskites. Ces membranes ont été étudiées et ont été aussi appliquées à l'échelle industrielle.

Nous allons développer dans la suite de cette description la notion de **membrane d'affinité (à transport facilité)**, présenter leurs caractéristiques et leurs utilisations.

Le concept de membranes à transport facilité est inspiré du mode de transport à travers les membranes biologiques. Les parois des cellules vivantes sont de véritables barrières protectrices et perméables qui permettent des échanges (ions, chaleur, information, énergie...) avec le milieu extérieur par le biais de substances complexantes spécifiques ou ionophores (transporteurs d'ions) pouvant être des protéines ou des antibiotiques situés dans la bicouche lipidique chez certaines bactéries [3].

Toutes les biomembranes ont la même structure fondamentale de bicouche phospholipidique et certaines fonctions communes, mais chaque type de membrane cellulaire a différentes activités biologiques qui sont déterminées par les protéines associées à la membrane : les protéines périphériques, qui ne communiquent pas avec le cœur hydrophobe de la bicouche lipidique et les protéines transmembranaires dont tout ou une partie pénètre ou traverse la bicouche lipidique (Figure I-1) [4].

Les membranes d'affinité (à transport facilité) sont des membranes synthétiques qui permettent la séparation de différentes espèces grâce à la présence d'un agent complexant sélectif localisé dans la membrane. Leur mode de fonctionnement est calqué sur celui des membranes biologiques (d'où leur nom de membranes biomimétiques) dans lesquelles la présence de protéines spécifiques ou de canaux ioniques assure les échanges avec le milieu extérieur avec une perm-sélectivité remarquable. L'efficacité de transport de ces membranes, peut être activée sous l'effet d'une différence de pression, d'un gradient de pH, de concentration ou d'un potentiel électrique, surtout lorsque des pores ou des canaux sélectifs interviennent.

Le transport de solutés dans cette matrice s'opère par un mécanisme de diffusion au sein du polymère assisté par des réactions sélectives de complexation-décomplexation au niveau des sites de complexation.

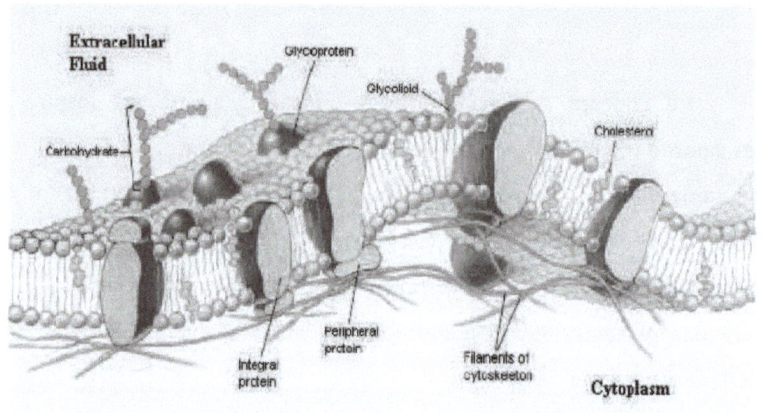

Figure I-1 : Illustration schématique d'une membrane biologique typique [4]

Les premiers essais en transport facilité ont été réalisés avec des membranes liquides, parmi lesquelles figurent les membranes liquides supportées (MLS), qui ont cependant rarement été utilisées dans l'industrie en raison de leur instabilité (dégradation par perte du transporteur dans les phases aqueuses principalement).

Le développement des membranes polymères à inclusion (MPI) à transport facilité, dans lesquelles le transporteur est piégé dans une matrice polymère plastifiée, représente une alternative intéressante à ce problème.

Dans notre laboratoire, des membranes d'affinité (liquides supportées (MLS) et polymères à inclusion (MPI)) ont été élaborées en vue d'applications au transport facilité d'ions métalliques, l'objectif principal étant la comparaison en termes de performances pour le transport facilité des ions métalliques et en termes de stabilité entre les deux types de membranes.

Nous développerons, dans ce chapitre, les avancées récentes dans ce domaine après avoir rappelé les principes de base du transport facilité.

II- MEMBRANES LIQUIDES À TRANSPORT FACILITÉ

II-1. Principe du transport facilité à travers une membrane liquide

Une membrane liquide est une phase organique non miscible à l'eau qui sépare deux milieux aqueux Elle permet la migration d'un soluté contenu dans la phase aqueuse source (alimentation) (phase I) vers la phase aqueuse réceptrice (phase II). Le transfert du soluté s'effectue par diffusion à travers la membrane sous l'effet d'un gradient de concentration entre les deux interfaces de la membrane (Figure I-2).

Le transport à travers une membrane liquide est le résultat d'une association couplée à une extraction à la première interface (phase I - membrane) suivie d'une réextraction à la deuxième interface (membrane - phase II). Entre ces deux étapes qui concernent les interfaces entre la membrane et les milieux liquides externes, la diffusion du complexe soluté-extractant assure la traversée de la membrane.

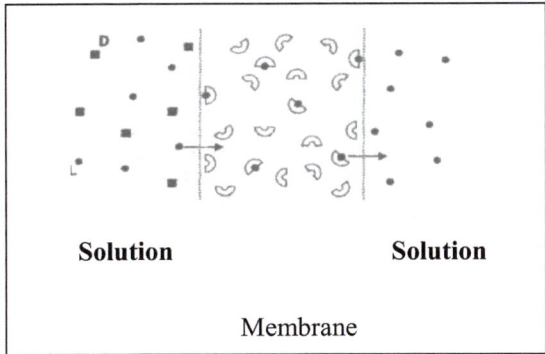

Figure I-2 : Représentation schématique du processus de transfert d'un soluté à travers une membrane d'affinité liquide

Le qualificatif de facilité signifie que le transport transmembranaire est plus efficace qu'en l'absence de substances qui vont intervenir sur le transport et en particulier les complexants spécifiques. En dehors de ces substances « facilitantes », le transport peut exister mais le mécanisme serait dans ce cas une diffusion passive de l'espèce traversante sous l'effet de son propre gradient de concentration par dissolution partielle dans la membrane. Pour les composés chargés, pour des raisons énergétiques seules des espèces neutres peuvent être acheminées à travers la membrane, une paire d'ions neutre anion-cation est alors impliquée (transport d'un sel par exemple). Ces notions seront détaillées plus loin dans ce chapitre ainsi qu'une. Une bonne description de la cinétique de transfert est obtenue par une bonne connaissance des réactions d'extraction mises en jeu dans le processus.

II-2. Mécanisme du transport

II-2-1. Description du mécanisme de transport

Le transport facilité est un procédé qui met en œuvre une réaction de complexation spécifique entre un soluté et un récepteur (complexant) localisé dans la membrane afin d'augmenter sélectivement le transport du soluté par rapport à une diffusion libre. L'effet séparatif ne repose donc pas sur un critère de taille émanant de la porosité de la membrane mais sur un critère d'affinité bien précis du matériau membranaire pour l'espèce à transporter.

Le transport facilité à travers les membranes liquides d'affinité repose donc essentiellement sur une reconnaissance chimique du substrat par le récepteur via des réactions réversibles de complexation/décomplexation très spécifiques à chaque interface de la membrane.

Dans le détail le transfert s'effectue selon un processus multi-étapes [5].

a) Solubilisation du substrat et formation du complexe

Le transfert d'une espèce chimique nécessite la formation réversible d'un complexe : récepteur/substrat à l'interface solution aqueuse source/ phase membranaire organique. Celle-ci est reliée à la constante d'équilibre K du complexe moléculaire formé, définie par le rapport des constantes de vitesse de formation du complexe moléculaire (association) *kf* et de sa dissociation *kd*.

L'équation-bilan de l'équilibre de formation d'un complexe ML (M :métal (substrat) et L: ligand (récepteur)) peut être écrit comme suit :

$$L_{(org)} + M_{(aq)} \Leftrightarrow ML_{(org)}$$

avec (org) et (aq) correspondant aux phases organique (membrane) et aqueuse (source et réceptrice) et :

$$K = \frac{C_{ML}}{C_M.C_L} = \frac{k_f}{k_d} \tag{1}$$

Une grande constante de stabilité du complexe implique une forte complexation du soluté par le récepteur qui peut freiner ou inhiber l'opération de transport. En effet un complexe trop stable peut diminuer la perte de soluté à l'interface réceptrice de la membrane par décomplexation, la membrane se chargeant ainsi en soluté complexé jusqu'à saturation (absence de décomplexation).

b) Transfert du substrat à travers la membrane

Le transfert du soluté se fait par le couplage d'une diffusion avec une réaction de complexation réversible, de l'interface phase source/ phase membranaire vers l'interface (II) membrane / phase réceptrice.

c) Dissociation du complexe

La libération du substrat se produit à l'interface II membrane / phase réceptrice après dissociation du complexe. Les membranes à transport facilité sont conçues pour avoir une forte affinité avec les entités cibles. De ce fait, comme déjà signalé, cette étape régie par la constante de décomplexation du complexe, s'avère parfois délicate et rend la réextraction très difficile ; Voorde et *col.* [6] ont montré que le Cyanex 301 forme des complexes très stables avec le Ni(II) et défavorise sa décomplexation à l'interface membrane/ phase réceptrice. Ce type d'extractant est difficile à exploiter pour le transport facilité dans ce cas. Il est cependant possible de jouer sur les conditions de séparation afin de déplacer l'équilibre établi à l'interface membrane/ phase réceptrice. Les méthodes envisagées peuvent être un couplage à une réaction chimique, l'ajout d'un agent extractant dans la phase réceptrice [7] ou des variations de pH dans les cas d'extractant acido-basique [8]. Ainsi, des sélectivités élevées peuvent être obtenues pour une espèce en particulier.

d) Rétrodiffusion du transporteur dans la membrane.

Le processus de transport facilité s'achève par un phénomène de « rétrodiffusion » du transporteur mobile libre (non associé au soluté), de l'interface II vers l'interface I. Celui-ci se trouve alors disponible pour un nouveau cycle de transport [9].

II-2-2. Les différents mécanismes de transport membranaire associés aux membranes d'affinité

Le **transport passif** est le transport le plus simple. La membrane, sans complexant, ne présente qu'une barrière physico-chimique et la force motrice du transport est un gradient de potentiel chimique imposé par une différence de concentration, de pression, de température ou de potentiel électrique entre les deux phases source et réceptrice. Des forces d'affinité peuvent exister aussi, non pas en raison de la présence d'un complexant, mais par le jeu d'interactions particulières avec le solvant ou la matrice support.

Le **transport actif** se produit par contre lorsque des interactions existent entre une molécule complexante localisée dans la membrane et le soluté à transporter. Lorsque le complexant est neutre, le transport d'un soluté se traduit par le transport d'une paire d'ions (cation et anion) maintenant ainsi l'électro-neutralité du transport sans laquelle le transport est rapidement bloqué en raison de l'effet répulsif du potentiel de membrane qui s'établit et qui s'oppose au passage de l'espèce perméable ionique.

Deux cas sont à distinguer : le co-transport et le contre-transport [10].

a) Le co-transport

Le co-transport est observé lors du transfert d'une paire d'ions de type (M^{m+} ; mX^-). La paire d'ions est complexée et extraite réversiblement par un extractant-transporteur L (Figure I-3). A chaque interface, l'équation-bilan de l'équilibre s'écrit :

$$M^{m+}{}_{aq} + m\,X^-{}_{aq} + L_{org} \quad \Leftrightarrow \quad (ML^{m+}, m\,X^-)_{org}$$

Ce type de transport s'applique aux ligands neutres, le cation est accompagné par un anion (contre-ion). Le co-transport couplé est particulièrement intéressant lorsque la phase source peut être « chargée » avec l'anion X^-. Ce dernier fourni par un sel M_1X dont le cation n'est pas «reconnu» par l'extractant. La force motrice du transport est alors la différence de concentration en X^- entre le compartiment d'alimentation (source) et le compartiment contenant la phase réceptrice. Le cation et l'anion migrent dans la même direction. Dans ces conditions, le transport de M sous forme de MX peut devenir quantitatif.

b) Le contre-transport

Le contre-transport facilité existe, sous deux formes: le contre-transport de cations et le contre-transport d'anions. Lorsque la membrane contient un transporteur acide, le transport du cation se fait par un échange cation-proton. Les directions du flux de cations et de protons sont inversées (voir Figure I-4). L'échange cation-proton a lieu aux deux interfaces suivant l'équilibre :

$$M^{m+}{}_{aq} + m\,HL_{org} \quad \Leftrightarrow \quad (ML_m)_{org} + mH^+{}_{aq}$$

Le transport couplé (contre-transport) est utilisé pour récupérer des métaux dans des effluents industriels et dans des eaux usées. La force motrice du transfert est ici le gradient de pH entre la phase source (pH élevé) et la phase réceptrice (pH faible).

Il est à signaler que ce mécanisme est intéressant car il rend possible des transports quantitatifs et même des transports dits « uphill » c'est-à-dire contre le gradient de concentration de l'espèce qui traverse la membrane.

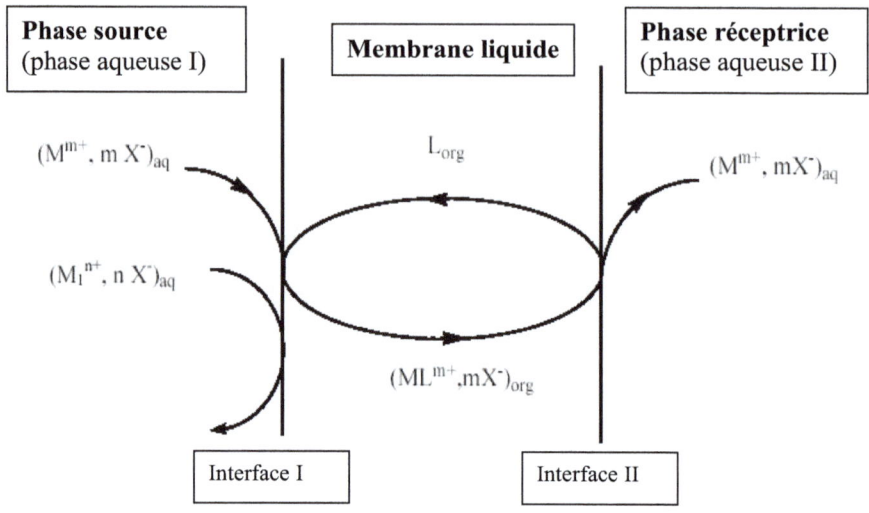

Figure I-3 : Représentation schématique du principe du co-transport [10]

Le contre-transport facilité d'anions, peut avoir lieu moyennant la présence d'un extractant contenant un site chargé positivement (complexant basique), on assiste alors à une formation d'un complexe A^-L^+.

$$A^-_{aq} + XL_{org} \iff (A^-L^+)_{org} + X^-_{aq}$$

L'anion à transporter A^- est relâché dans la phase réceptrice et le ligand L^+ s'associe à un autre anion Y^- présent dans la phase réceptrice pour former le complexe L^+Y^-. Ce complexe formé rétrodiffuse à travers la membrane, et à l'interface phase source-membrane il se dissocie pour relâcher l'anion Y^- dans la phase source. La force motrice de transport est dans ce cas le gradient de concentration de l'anion Y^- entre la phase source et la phase réceptrice.

Tous les mécanismes de transport évoqués se basent sur les principes de la diffusion de Fick et plusieurs modèles ont été développés dans la littérature afin de décrire le transport facilité [11].

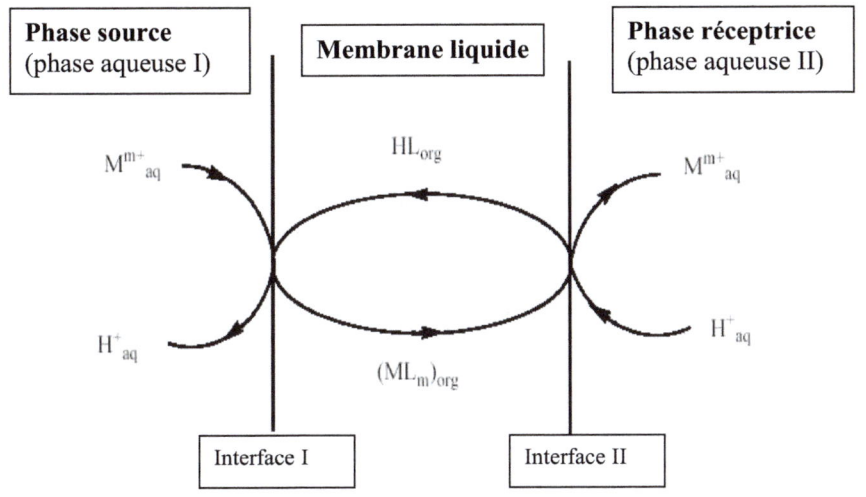

**Figure I-4 : Représentation schématique du principe du contre-transport
(Cas d'un transporteur acide) [10]**

Diffusion de Fick

La théorie de la diffusion est calquée sur celle du transport de photons. Elle est appropriée dans un milieu dominé par la diffusion plus que par l'absorption. Chaque photon passe alors par plusieurs étapes de diffusion avant de terminer son parcours par une absorption. Cette théorie peut être alors appliquée à d'autres phénomènes tels que l'effet de chaleur sur un matériau ou la mobilité des solutés dans une solution.

a. Première loi: dans une solution à l'équilibre, la distribution du soluté est statistiquement uniforme au sein de la solution, du fait d'un mouvement thermique constant des molécules. Lorsqu'un gradient de concentration en soluté est créé, les molécules ont tendance à se déplacer de la région à concentration élevée vers celle à plus faible concentration, ceci jusqu'à ce qu'un nouvel équilibre soit atteint, état dans lequel les espèces sont uniformément réparties au sein du système. Ce mouvement en réponse à un gradient de concentration est appelé diffusion. Le flux de transfert de matière par diffusion du soluté, J (mol.m^{-2}.s^{-1}), est exprimé par la première loi de Fick comme suit:

$$\vec{J} = -D.\vec{grad}.C \qquad (2)$$

soit dans une direction x donnée:

$$J = -D\frac{\partial C}{\partial x} \qquad (3)$$

La constante de proportionnalité D entre le flux et le gradient de concentration est le coefficient de diffusion (m^2.s^{-1}). Il est fonction de la taille et de la forme du soluté et de la résistance à la friction produite par la viscosité du solvant.

b. *Deuxième loi:* la seconde loi de Fick tient compte de la dépendance de la concentration du temps. Elle s'écrit:

$$\frac{\partial C}{\partial t} = D.div.\vec{grad}.C \qquad (4)$$

Sa résolution nécessite le choix de conditions initiales et de conditions aux limites adéquates.

Dans le système que nous avons étudié, une membrane plane, d'épaisseur L et de surface S, sépare deux compartiments contenant une phase aqueuse source (s) et une phase réceptrice (r). Chaque compartiment est rempli d'un volume fini (V) de solution qui n'est pas renouvelé au cours des expériences de transport. On atteint un régime *quasi-stationnaire* en considérant que les concentrations des deux solutions $C_s(t)$ et $C_r(t)$ évoluent assez lentement pour qu'à un instant t donné, J soit indépendant de x et que l'on puisse appliquer l'équation simplifiée (5) qui montre l'expression de J donnée par la variation de la concentration en soluté fonction du temps :

$$J = -\frac{V}{S}.\frac{dC}{dt} \qquad (5)$$

L'intégration de cette équation donne :

$$Ln\frac{C_{s0}}{C_s(t)} = \frac{S}{V}.P.t \qquad (6)$$

avec : C_{s0}, la concentration initiale des ions métalliques dans la phase source et P le coefficient de perméabilité. La pente de la droite Ln (C_{s0}/C_s) = f (t) permet d'accéder à la valeur de P.

La sélectivité est définie par le rapport des vitesses de transport de deux solutés i et j mesurées dans des conditions de transport compétitif à partir d'une solution équimolaire des solutés (équation 7). Elle reflète l'aptitude d'une membrane à transporter sélectivement un soluté donné issu d'un mélange. Elle est apportée par le récepteur (complexant) dans la membrane et dépend de la stabilité du complexe formé, des cinétiques d'échange et de la nature de la membrane. L'incorporation de sites de complexation multiples permet d'atteindre des sélectivités très pointues.

$$S_{i/j} = J_i/J_j \qquad (7)$$

II-3. Les différents types de membranes liquides

Notons d'abord que dans le cadre de notre travail, nous nous sommes intéressés à l'élaboration de membranes complexantes agissant sous l'effet d'un gradient de concentration uniquement (ΔC).

Les premières membranes, et les plus nombreuses, utilisées en transport facilité ont été les membranes liquides dans lesquelles le transporteur se trouve dissout dans un solvant organique. Les trois configurations de membranes liquides couramment rencontrées sont:

les membranes liquides 1) volumiques, 2) à émulsion, 3) supportées.

II-3-1. Membrane liquide épaisse ou volumique (MLV) (bulk liquid membrane).

Ce type de membrane liquide est le plus utilisé à l'échelle du laboratoire car il est simple à mettre en œuvre. C'est un outil fondamental pour l'étude théorique du phénomène de transport. Le principe consiste à mettre en contact une solution organique avec deux solutions aqueuses. L'étude du transport se fait généralement au moyen d'un dispositif composé essentiellement d'un tube en U (Figure I-5). Les phases aqueuses et organiques sont agitées séparément afin d'éviter leur mélange.

Grâce à la spécificité des transporteurs qu'elles contiennent, ces membranes ont été étudiées pour l'élimination des métaux toxiques [12], l'extraction de métaux précieux [13, 14], le transport compétitif et sélectif de différents cations métalliques [15-17] ou encore le transport facilité d'anions tels les cyanures [18]. Elles présentent de plus une méthode de séparation efficace pour les molécules bioactives comme les acides aminés [9, 19] ou les protéines [20].

Dans ce type de système, le volume de la phase membranaire est important par rapport aux phases source et réceptrice, ce qui nécessite l'utilisation d'une quantité considérable d'agent complexant.

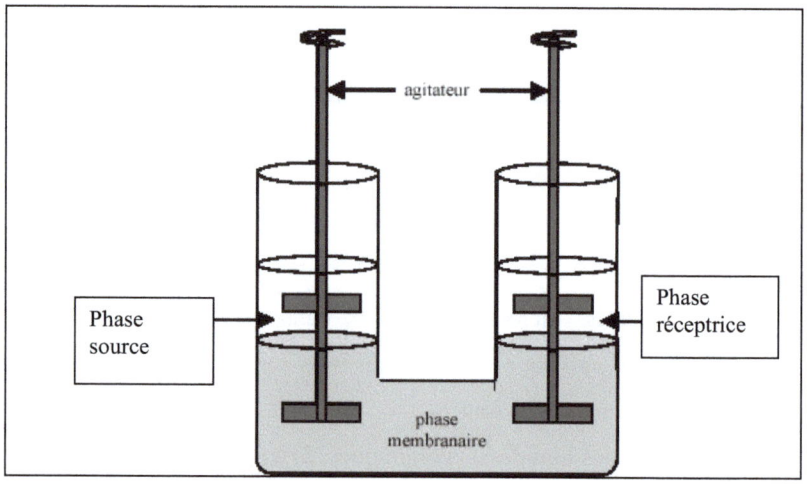

Figure I-5 : Schéma de mise en œuvre d'une membrane liquide épaisse [10]

II-3-2. Membrane liquide à émulsion (MLE)

Les membranes à émulsion représentent une variante intéressante des membranes liquides. Elles offrent, grâce à une diminution de l'épaisseur de la membrane et une surface d'échange plus grande, des flux plus importants [21].

L'élaboration de ce type de membrane s'effectue par la mise en contact d'une phase aqueuse (qui est la phase réceptrice) avec un solvant organique contenant un tensio-actif et l'extractant (transporteur). Le tensio-actif est choisi de manière à obtenir une émulsion «eau dans huile» qui assure «l'encapsulation» de la phase aqueuse dans la phase organique (Figure I-6). Dans une deuxième étape l'émulsion est mise en contact avec la phase aqueuse source. Cette étape est accomplie moyennant une agitation plus douce que lors de la première étape. Le transfert des constituants est effectué de l'extérieur vers l'intérieur.

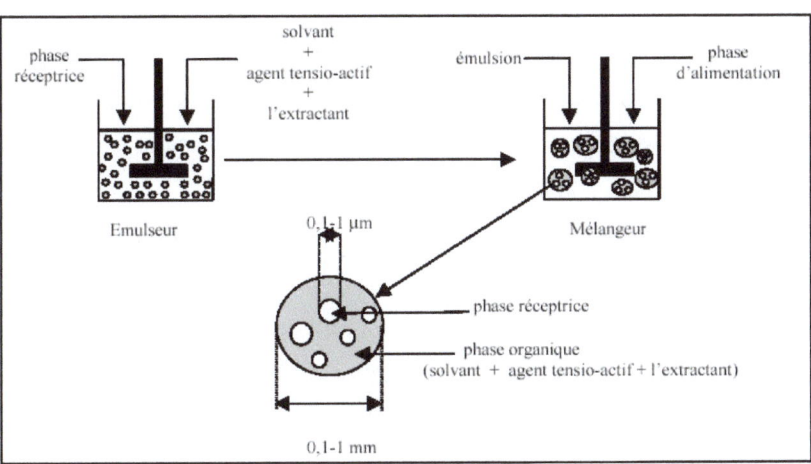

Figure I-6 : Schéma de la mise en œuvre de la technique de la membrane liquide à émulsion [10]

Ces membranes sont utilisées dans le traitement des eaux usées en pilote industriel pour la séparation et la concentration de métaux toxiques [22, 23], de terres rares [24], ou d'éléments radioactifs [25]. Elles sont aussi appliquées dans l'extraction sélective et la concentration de biomolécules comme les acides aminés [26] et les antibiotiques [27].

Malgré leur efficacité, les systèmes à émulsion sont peu utilisés car ils présentent des inconvénients liés à la formation, à la stabilisation de l'émulsion, puis à la récupération du soluté dans la phase réceptrice qui nécessite de casser (déstabilisation) l'émulsion [26]. Des phénomènes de gonflement de la membrane entraînent, par ailleurs, une diminution de la concentration du soluté dans les gouttelettes et donc un affaiblissement de la force motrice du transport [21].

II-3-3. Membranes liquides supportées (MLS)

Dans ce type de membrane, la phase organique est introduite dans différentes formes de support poreux. Le terme membrane liquide supportée définit les membranes solides poreuses dont les pores contiennent une phase organique liquide. Elles utilisent des supports polymères poreux et inertes et existent le plus souvent sous forme plane ou sous forme de fibres creuses (Figure I-7). La phase liquide organique contenant le transporteur s'introduit par capillarité dans le support et doit donc être hydrophobe [28]. Leurs caractéristiques structurales (tortuosité, épaisseur, porosité, etc....) sont choisies de sorte que la perméabilité de l'espèce à transporter soit la plus élevée possible.

Les applications de ces membranes varient selon la nature et les propriétés de l'agent complexant qu'elles contiennent.

Danesi [29] a passé en revue les propriétés de transport et de séparation des membranes liquides supportées. Les modèles mathématiques et les équations qui décrivent la perméation des espèces métalliques à travers ces membranes ont été aussi développés [5, 30].

Dans la littérature beaucoup de travaux ont été consacrés à l'étude de la séparation et de la récupération des métaux contenus dans des solutions aqueuses de nature différente, avec ces membranes. Citons en particulier l'extraction de métaux alcalins [31], de métaux précieux [32-35] et de métaux de transition [36-44]. D'autres auteurs ont exploré ces membranes, pour le traitement des effluents nucléaires [45, 46], ainsi que la récupération de terres rares [47].

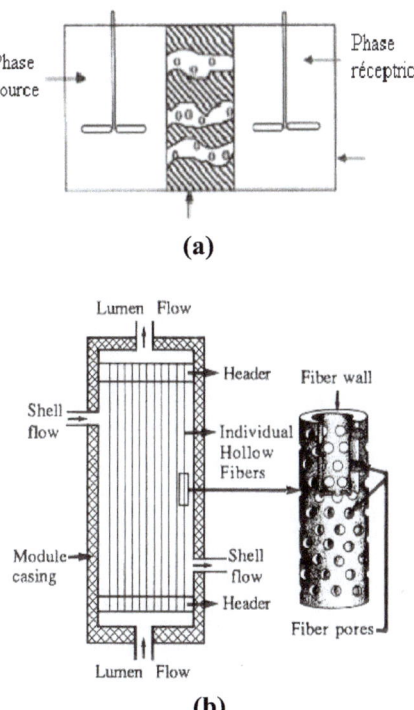

**Figure I-7 : Membrane à liquide supporté en (a) configuration plane
(b) configuration de fibres creuses**

La technique basée sur l'utilisation des membranes liquides supportées a été aussi exploitée pour étudier l'extraction sélective et l'enrichissement de composés organiques très variés, tels que les acides aminés [48, 49], les sucres [50, 51], les herbicides [52] ou encore les antibiotiques [53].

II-4. Instabilité des membranes liquides supportées

La technique basée sur le transport facilité à travers les MLS est une méthode de séparation attrayante mais qui souffre de problèmes technologiques liés essentiellement au manque de stabilité de ces membranes, c'est à dire leur durée de vie limitée.

Différents points de vue sont exposés dans la littérature sur les conditions sous lesquelles une membrane liquide peut être considérée comme étant instable et dans quelles conditions cette instabilité est mesurée. La plupart des auteurs considèrent que la diminution du flux ou de la perméabilité des espèces transportées est un indice d'instabilité des membranes. Cependant, d'autres auteurs considèrent leurs membranes comme étant stables puisque un flux constant a été obtenu, grâce au remplacement continu du liquide membranaire perdu par une solution de membrane liquide fraîche. La diminution de la sélectivité est parfois utilisée pour caractériser la stabilité de la membrane [54].

II-5. Mécanismes de dégradation des membranes liquides supportées

La principale raison de l'instabilité des membranes liquides supportées est la perte de la phase organique (transporteur et/ou solvant) qui passe des pores du support polymère vers les phases aqueuses adjacentes.

Kemperman et *col.* [54] ont passé en revue les différents mécanismes de dégradation des MLS. Cette détérioration peut être due :

1. à la différence de pression sur la membrane,
2. à la solubilité du transporteur et solvant dans les phases aqueuses adjacentes (source et réceptrice),
3. au mouillage du support poreux par les phases aqueuses,
4. au blocage des pores du support par précipitation du transporteur ou de l'eau,
5. à la présence d'une pression osmotique sur la membrane,
6. à la formation d'émulsion de la phase membrane liquide (ML) dans l'eau, causée par des forces de cisaillement.

En conclusion ces auteurs [54] ont retenu seulement deux mécanismes d'importance majeure d'instabilité des membranes liquides supportées et qui peuvent expliquer la perte du solvant et du transporteur à savoir : la solubilité des composants de la membrane liquide dans les solutions adjacentes (source et réceptrice) et l'émulsifiassions de la membrane liquide due aux forces de cisaillement.

Ainsi, l'émulsion formée à la surface de la membrane liquide commence par entraver la diffusion des espèces à transporter de la phase aqueuse vers la surface membranaire. Ce phénomène se produit particulièrement du côté de l'interface phase source/ membrane et explique la chute du flux souvent observée (Figure I-8). Le résultat de ce processus d'émulsifiassions est la fuite de gouttelettes de la phase membranaire vers les solutions aqueuses et la couche membranaire liquide restante devient progressivement plus fine [55].

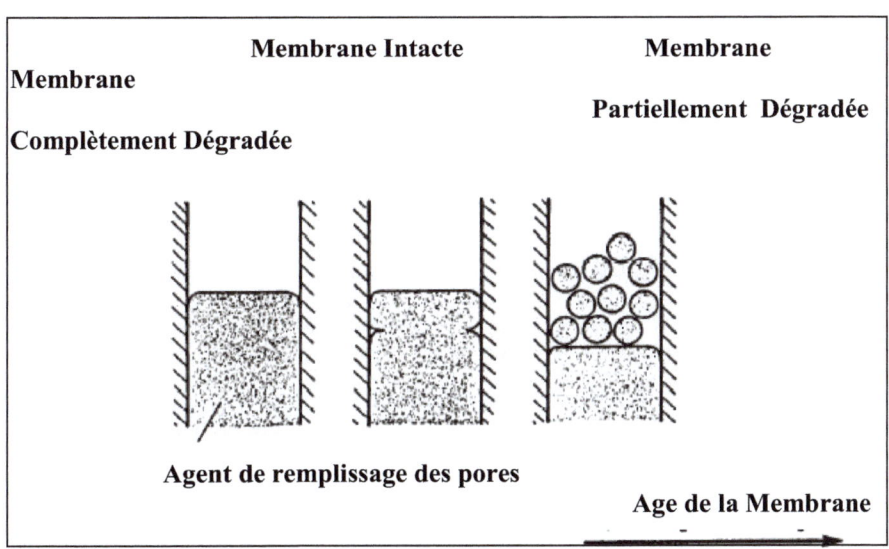

Figure I-8 : Schéma de la dégradation d'une MLS par formation d'une émulsion interfaciale [55]

II-6. Stabilisation des membranes liquides supportées

Etant donné l'intérêt évident que pourrait procurer l'utilisation des membranes liquides supportées, beaucoup d'efforts ont été fournis au cours de ces 20 dernières années pour rechercher des remèdes à leur problème d'instabilité [56, 57]. Plusieurs solutions ont été proposées :

1) Yang et Fane [58] ont montré que la méthode de préparation d'une membrane liquide supportée, peut influencer la durée de vie de cette dernière. En

effet, des membranes préparées avec des surfaces externes "sèches", ne contenant pas une solution organique mouillante, sont plus stables que les MLS conventionnelles préparées avec des surfaces externes mouillées avec un film de solution organique. Cette méthode de préparation limite la quantité de membrane liquide évacuée par les forces de cisaillement qui engendrent l'émulsification de la membrane (Figure I-9).

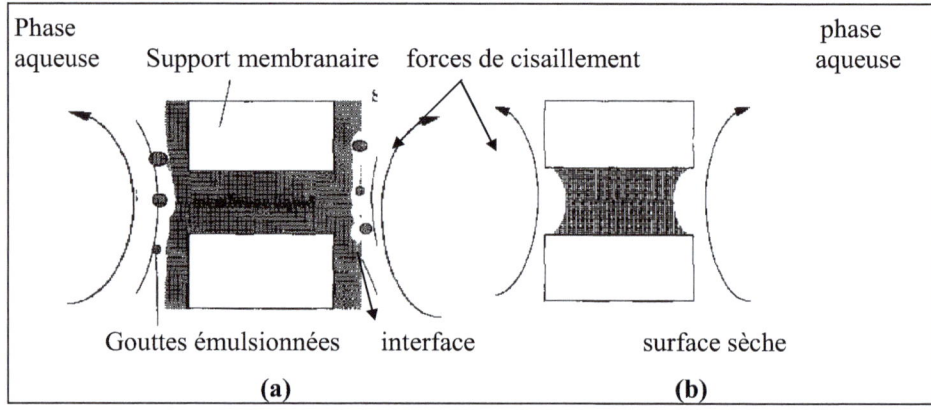

Figure I-9 : Schéma d'une MLS (a) à surface mouillée et (b) à surface sèche subissant l'effet les forces de cisaillement [58]

2) Teramato et *col.* [59] ont proposé la réimprégnation des supports membranaires avec les liquides membranaires et leur approvisionnement en continu avec ces liquides. Ils ont même montré que l'alimentation en liquide membranaire dans la disposition horizontale est plus favorable pour le maintient de cette phase sur le support polymère (Figure I-10).

3) La bonne sélection du transporteur afin de réduire au maximum le mouillage du support par les phases aqueuses, surtout dans les cas d'utilisation de transporteurs hydrophiles comme les liquides ioniques [60].

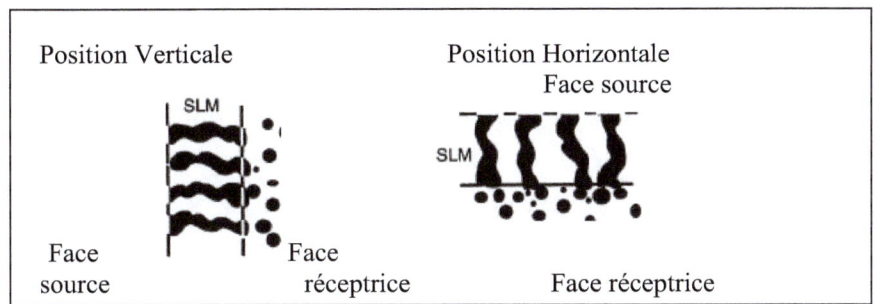

Figure I-10 : Schéma de dispositions verticale et horizontale pour alimentation en continue du polymère support par le liquide membranaire [60]

4) Une autre technique a été proposée, il s'agit de la micro-encapsulation de la phase liquide membranaire, le transporteur mobile opère à l'intérieur de gouttelettes liquides qui sont renfermées et dispersées dans une matrice de polymère solide. Cette voie a permis d'éviter la perte du solvant et du transporteur et de diminuer l'épaisseur des membranes jusqu'à 3 µm, améliorant ainsi grandement la perméabilité de l'O_2 [61].

5) La stabilisation par formation de gel à la surface de la membrane par la technique de polymérisation par plasma. Yang et *col.* [62] ont utilisé l'hexamethyldisiloxane et l'heptylamine comme monomères de base pour la formation d'un gel à la surface d'un support polymère en polypropylène. Cette technique engendre une réduction de la taille des pores du support membranaire.

6) Le moyen le plus utilisé ces vingt dernières années pour remédier à l'instabilité des membranes liquides supportées est la synthèse des membranes polymères d'inclusion (MPI) ('Polymer Inclusion Membrane' (PIM)) dites encore membranes polymères plastifiés ('Polymer Plasticized Membrane' (PPM)). L'idée de la stabilisation dans ce type de membranes provient du fait que la solution organique est piégée à l'intérieur même de la matrice polymère empêchant ainsi sa fuite vers les phases aqueuses adjacentes. Ce piégeage est assuré par la solubilisation de tous les composants de la membrane (polymère de base, solvant

et transporteur) et leur moulage par la suite pour la formation d'un mince film (c'est la membrane polymère à inclusion).

Ces membranes ont fait l'objet de plusieurs travaux de recherche ces dernières années [63-65], et elles ont montré une efficacité comparable aux membranes liquides supportées et une stabilité nettement plus accrue que ces dernières. Beaucoup plus de détails seront donnés plus loin (page 31) sur ce type de membrane.

III- MEMBRANES SOLIDES À TRANSPORT FACILITÉ

III-1. Définition

Présentes sous le terme de « membranes à sites de complexation fixes », ces membranes constituent une alternative intéressante au problème d'instabilité des membranes liquides. Leur spécificité vient du fait que **le complexant est greffé chimiquement par liaison covalente** à une matrice solide limitant ainsi la fuite du transporteur dans les solutions aqueuses. Ces membranes sont typiquement asymétriques et présentent une durée de vie élevée et des résistances mécaniques et chimiques importantes.

La matrice solide peut être constituée d'un ou de plusieurs polymères, organiques ou hybrides organiques-inorganiques. Les sites complexants peuvent être portés par les réactifs initiaux entrant dans la formation du polymère ou être greffés à ce polymère par une réaction secondaire [66-68].

III-2. Types de membranes solides à transport facilité

III-2-1. Membranes polymères organiques issues de monomères fonctionnalisés complexants

Elles sont issues de monomères fonctionnalisés par un complexant. Des flux élevés en transport de métaux alcalins ($J_{K+} = 1,3.10^{-3}$ mol/m^2.min et $J_{Na+} = 8,1.10^{-4}$ mol/m^2.min) ont été obtenus mais les sélectivités sont vraiment réduites comparée à celles requises avec les membranes liquides. La grande concentration des sites réactifs et la nature hautement hydratée de ces membranes en sont la cause [67].

Elles peuvent être utilisées en séparation ou concentration d'ions métalliques [69], ainsi qu'en séparation de gaz [70].

III-2-2. Membranes polymères organiques greffées par un complexant

L'immobilisation d'un complexant (métallique ou organique) au sein d'un polymère organique peut se faire par :

- Immersion prolongée du polymère dans une solution complexante [71].
- Polymérisation inter-faciale [72].

III-2-3. Membranes hybrides obtenues par voie sol-gel

Les matériaux hybrides sont des matériaux alliant les propriétés des polymères organiques à celles des matériaux inorganiques. Ils peuvent être obtenus par le procédé sol-gel qui offre une homogénéité chimique à l'échelle moléculaire. Ils peuvent être fonctionnalisés par une large variété de composés organiques. Ils présentent une bonne résistance chimique et/ou thermique, mais les flux de transport obtenus, à travers ces membranes, sont généralement inférieurs à ceux des membranes liquides à cause de la diffusion lente des espèces en milieu solide. Elles ont été étudiées pour le transport d'ions métalliques [73] mais beaucoup plus pour le transport de molécules organiques [74-76].

IV- PERFORMANCES DES MEMBRANES EN TRANSPORT FACILITÉ

On peut distinguer deux types de paramètres influençant le transport facilité :

- les paramètres internes : nature chimique et conformation structurale du complexant, épaisseur de la membrane, nature du support, nature du solvant.
- les paramètres externes qui sont essentiellement : composition et concentration des phases source (alimentation) et réceptrice, température et pH.

IV-1. Les paramètres internes

IV-1-1. Le complexant (transporteur)

Le terme transporteur est utilisé pour décrire le complexant qui véhicule les espèces à extraire à travers les membranes d'affinité afin de faire valoir les aspects dynamiques du mécanisme de transport.

Le complexant est au cœur du transport car il va déterminer la nature du soluté à transporter, les caractéristiques physico-chimiques du transport, flux et sélectivité, et le type de processus mis en œuvre. Il favorise l'affinité du matériau membranaire envers les solutés à séparer en modulant l'équilibre hydrophile/lipophile de la membrane et en présentant une conformation propice à une bonne complexation.

Dans le tableau I-1 sont consignés quelques exemples d'extractants utilisés en transport facilité.

Nous illustrerons, dans ce qui suit les caractéristiques essentielles des complexants.

IV-1-1-a. Nature chimique des sites de complexation

La nature des espèces à transporter est dictée par la **nature chimique des sites de complexation** introduits dans la membrane. Les interactions non covalentes entre le substrat et la molécule complexante définissent le principe de reconnaissance moléculaire sur lequel repose le transport facilité.

Différents types d'interactions sont rencontrées ; par exemple :

- les interactions entre les orbitales π de l'oléfine et les orbitales s et d d'un ion métallique.
- les interactions acide/base.
- les interactions par liaisons hydrogène.

Tableau I-1 : Exemples de transporteurs utilisés dans l'extraction par méthodes membranaires

Type de transporteur	Solutés transportés	Références
Acide :		
D2EHPA	Mn(II), Co(II)	[77]
LIX 973 N	Cu(II)	[40]
di-nonyl phényle	U(VI)	[78, 79]
phosphorique	Cu(II), Zn(II)	[80]
TOPS-99	Cd(II), Pb(II)	[81]
Kelex 100	Ni(II)	[6]
Cyanex 301		
Basique :		
Tri-n-octylamine (TOA)	Co(II), Fe(II)	[82]
Alamine 336	Fe(III), Cu(II), Ni(II), Nb(V), Mo(VI)	[36, 39, 83]
Aliquat 336	Rh(III), Cr(VI), Zr(IV), Hf(IV),	[33, 84]
Neutre :		
Cyanex 921	Fe(III), Zn(II)	[37, 41]
CMPO	Am(III), Ce(III)	[46, 59, 85]
Cyanex 923	Au(I)	[86]
Macrocycles et macromolécules	Au(III), Sr(II)	[32, 87]
Ethers couronnes	Cs(II), Pd(II), Au(III)	[45, 88]
Calixarènes		

IV-1-1-b. Conformation des complexants et complémentarité taille/forme

Les interactions soluté/complexant peuvent être rendues possibles grâce à une conformation structurale favorable du complexant. Une complémentarité de taille et/ou de forme est donc nécessaire pour le transport [89].

La taille des parties anionique (-) et cationique (+) de sels d'ammoniums quaternaires lipophiles agissent sur le transport facilité de mono et disaccharides [90]. La complexation des sucres se fait grâce à des interactions de type liaison hydrogène entre la charge négative du complexant et les groupements hydroxyles des sucres. Ces interactions sont favorisées par une faible taille de la partie anionique des sels (chlorures par rapport aux phosphates et carboxylates).

La parfaite adaptation de certains cations métalliques à la cavité formée par les atomes donneurs de nombreux complexants macrocycliques est utilisée dans le transport par des composés tels que les éthers-couronnes et leurs dérivés [91] ou les calixarènes [88].

IV-1-1-c. Balance hydrophile/hydrophobe du matériau membranaire

La nature du complexant permet de modifier la balance hydrophile/lipophile de la membrane. La présence de complexant très lipophile permet d'augmenter la durée de vie d'une membrane liquide supportée [50].

IV-1-1-d. Stabilité du complexe et densité des sites de complexation

La formation d'un complexe spécifique avec un substrat donné est à l'origine de la sélectivité du transport. La stabilité du complexe formé influence grandement l'efficacité du transport. Une trop forte stabilité du complexe ralentit les réactions de décomplexation à l'interface membrane/phase réceptrice et conduit à freiner ou empêcher le transport [92].

IV-1-2. Support

Le support est un polymère qui doit être hydrophobe, résistant et inerte chimiquement. Les principales caractéristiques qui influencent le transport sont l'épaisseur du support, le diamètre des pores, la tortuosité et beaucoup plus sa porosité. Pour avoir des flux de transport par unité de surface membranaire les plus grand possibles, ces supports doivent être très poreux. Des porosités comprises entre 45 et 75% sont disponibles auprès des fournisseurs de membranes polymères poreuses.

Les polymères les plus utilisés comme support membranaires sont rassemblés dans le tableau I-2.

Tableau I-2 : Principaux types de polymères utilisés comme support pour MLS

Type de polymère	Références
Polypropylène (PP)	[31, 34, 53, 80, 93]
Polytétrafluoroéthylène (PTFE)	[38, 46, 94, 95]
Difluorure de polyvinylidène (PVDF)	[35, 52, 96-99]
Nitrocellulose	[82]

Récemment, Zaghbani et *col.* [88] ont comparé les trois support polymères les plus utilisés dans ce domaine (PP, PTFE et PVDF) pour élaborer des membranes liquides supportées contenant des dérivés de thiacalix[4]arène pour l'étude du transport facilité des cations métalliques Au(III). Les résultats auxquels ils sont parvenus indiquent que l'efficacité du transport ne dépend pas seulement des caractéristiques physiques du support mais aussi de sa nature chimique. Ceci est attribué à un éventuel processus d'adsorption sur le solide poreux, qui serait en compétition avec le processus de transport par diffusion.

IV-1-3. Solvant

Le solvant doit être fortement hydrophobe pour que sa miscibilité avec les phases aqueuses soit la plus faible possible. Il doit présenter un point d'ébullition élevé (très supérieur à la température ambiante), afin d'éviter son évaporation au cours du transport. De plus sa constante diélectrique doit être suffisamment élevée pour permettre la dissociation et même la solubilisation des complexes formés lorsque ces derniers ne sont pas neutres. Les solvants les plus communément utilisés sont donnés dans le tableau I-3

Tableau I-3 : Principaux solvants utilisés pour l'élaboration des MLS

Type de solvant	Références
Kérosène	[34, 52, 80, 95, 100]
Xylène	[85, 86]
Dodécane	[35, 46, 52]
Autres : n-décanol	[98]

Visser et *col*. [31] ont étudié l'effet du solvant sur le co-transport d'anions (ClO_4^- et SCN^-) par un dérivé calixarène moyennant une MLS. Ils ont comparé huit dérivés de phényl éther et ont conclu que les dérivés diphényl éthers sont les meilleurs solvants pour ce type de transport en raison de leurs polarités élevées. Aouad et *col*. [101] ont eux aussi exploré l'effet de la nature du solvant sur le transport du Cd(II) par le Lasalocid A et ils ont comparé à cet effet, trois solvants hydrocarbonés (décane, dodécane et tetradécane), le squalene et le 2 nitro phényl octyl éther (2-NPOE). Ils ont constaté que les flux obtenus avec les membranes liquides supportées contenant le décane et le dodécane sont plus importants que ceux acquis avec le 2-NPOE. Cependant du point de vue de la stabilité de ces membranes liquides supportées, le 2-NPOE est beaucoup plus intéressant.

IV-1-4. Epaisseur de la membrane

En régime diffusionnel, la vitesse de transport est inversement proportionnelle à l'épaisseur de la membrane. Celle-ci représente donc une barrière physique à la diffusion qu'il convient de diminuer afin d'augmenter les flux et les perméabilités, sans altérer l'efficacité du transport ni la résistance mécanique et/ou la stabilité de la membrane.

IV-2. Les paramètres externes

IV-2-1. Force motrice du transport

Elle est le plus souvent due à un gradient de concentration dépendant de la concentration en soluté dans la phase source [16]. Une augmentation de la concentration en sel entraîne une accélération de sa vitesse de transport. Cependant une trop forte concentration de soluté dans la phase source peut conduire à une valeur limite du flux. Ceci traduit une saturation des sites de complexation à l'interface phase source/membrane [102].

IV-2-2. Nature des phases source et réceptrice

L'efficacité du transport est parfois assujettie au pH des phases source et réceptrice et donc à des réactions de protonation/déprotonation aux interfaces. Les variations de pH génèrent des flux de protons, entités très mobiles, qui permettent de « pomper » des cations alcalins contre leur gradient de concentration (pompe à pH) [10], de faciliter le co ou contre-transport d'ions ou de transporter une molécule neutre par simple protonation du substrat [72]. Dans ce cas, une augmentation du gradient de pH améliore le flux jusqu'à saturation des sites de complexation [18]. L'utilisation de certaines espèces comme la thiourée $(SC(NH_2)_2)$ [32] et les cyanures (CN^-) [103] permettent, par un mécanisme de complexation avec l'espèce métallique à transporter, de faciliter l'extraction des ions comme Ag(I) et Cu(II).

Pour faciliter la dissociation du complexe à l'interface membrane / phase réceptrice, on peut jouer sur le pH de la phase réceptrice par exemple ou encore utiliser un agent extractant qui formera un complexe secondaire plus stable dans la phase réceptrice, la thiourée a été utilisée à cet effet par Argiropoulos et *col.* [104].

IV-2-3. Nature du contre-ion

De nombreux travaux sur le transport de cations par des complexants neutres ont montré que la nature de l'anion qui les accompagne a une grande influence sur l'efficacité du transport. Le co-transport d'anion assure en effet l'électroneutralité du transport. Dans le cas du transport à contre-courant, cet effet n'a pas d'importance car l'anion n'est pas transporté à travers la membrane.

V- MEMBRANE POLYMÈRE À INCLUSION

V-1. Introduction

Comme il a été déjà mentionné, le problème de durée de vie limitée des MLS a sévèrement réduit les possibilités de leurs applications à l'échelle industrielle. Afin de remédier à cet inconvénient majeur, un intérêt particulier a été porté au développement des membranes dites polymères à inclusion (MPI) appelées aussi membranes polymères plastifiées (MPP).

Nghiem et *col.* [105] ont rassemblé dans une étude détaillée, récemment publiée, l'essentiel des résultats de la recherche dédiée à ces membranes. La stabilité, la sélectivité et les propriétés de transport d'ions métalliques et de petites molécules organiques de ces MPI ont été discutées en fonction des caractéristiques physicochimiques de leurs différents constituants. De nombreuses études ont été consacrées à l'exploration des différents mécanismes possibles expliquant le transport facilité à travers ces membranes.

Les trois composants de base des MPI sont un polymère de base, un plastifiant et un complexant (transporteur). À la différence des MLS, la solution organique composée du transporteur et du plastifiant (solvant dans le cas des MLS) est mélangée avec le polymère de base déjà solubilisé dans un solvant approprié, et le tout est remoulé pour former le film fin appelé membrane polymère à inclusion (le transporteur est inclus dans la matrice polymère).

En général, ce qui est attendu de ces membranes consiste en ce que la nature presque-gel de la membrane augmente la viscosité à l'intérieur de la membrane, ce qui inhibe le lessivage du transporteur [106]. D'autre part, l'augmentation de la viscosité diminue la diffusion, chose qui va entrainer la diminution des flux de transport [107].

L'avantage de stabilité procuré par les MPI (par rapport aux MLS) se trouve donc parfois handicapé par des flux modérés de transport. Ce problème peut être atténué voir inversé en jouant sur la diminution de l'épaisseur de la membrane. Donc l'objectif essentiel recherché en utilisant les MPI est de maximiser les flux membranaires tout en maintenant l'efficacité et la sélectivité requises dans les procédés d'extraction par solvant.

Cependant, dans plusieurs cas des flux de transport plus élevés sont obtenus avec les MPI comparées aux MLS [108-110].

V-2. Composition d'une membrane polymère à inclusion

V-2-1. Polymère de base

Le polymère de base joue un rôle crucial dans l'établissement de la force mécanique de la membrane. Ces polymères sont du type thermoplastique [105]. Les polymères les plus utilisés pour l'élaboration des MPI sont le triacetate de cellulose (TAC) [108-112] et le chlorure de polyvinyle (PVC) [104, 113-115]. Gardner et *col.* [116] ont expérimenté d'autres dérivés de cellulose : l'acétate propionate de cellulose (CAP), l'acétate butyrate de cellulose (CAB) et le tributyrate de cellulose (CTB), pour l'élaboration de MPI contenant l'éther couronne bis-*tert*-butylcyclohexano-18-crown-6 comme transporteur des ions K^+. Ils ont constaté que le flux de transport des ions alcalins étudiés, diminue quand la taille de la chaîne polymère augmente. Ils ont montré également que la durabilité des MPI a augmenté avec la substitution du groupement acétyle lié au polymère de cellulose par le groupement propionyl ou butyryl. La résistance à l'hydrolyse a aussi augmentée.

V-2-2. Plastifiant

Le plastifiant est un composé qui est introduit dans la matrice du polymère de base afin d'augmenter la distance entre les molécules du polymère et réduire ainsi l'intensité des forces intermoléculaires qui existent entre les chaînes du polymère. Le résultat de l'addition d'un plastifiant à un polymère est une diminution de sa rigidité, d'où la possibilité d'obtention de films flexibles.

Il doit aussi assurer une solubilité et une mobilité suffisantes des composants électro-actifs de la membrane [117].

Une grande variété de plastifiants est commercialisée. Cependant un nombre restreint de ces derniers est utilisé pour l'élaboration des MPI. Le 2-nitrophenyl octhyl éther (2-NPOE) est le plastifiant de choix pour la plupart des chercheurs qui ont travaillé dans ce domaine [65, 108, 110, 118-123]. Le tris-n-butoxyethyl phosphate (TBEP) a été aussi largement utilisé [109, 110, 124-125] ainsi que le 2-nitrophenyl pentyl éther (2-NPPE) [126, 127]. Quelques études ont été consacrées à la comparaison entre plusieurs plastifiants ; Sugiura et *col.* [63] ont comparé treize plastifiants lors de l'étude de l'extraction du Zn(II) par membrane polymère à inclusion, Fontàs et *col.* [128] ont évalué l'effet de la nature de plusieurs plastifiants (2-NPOE, TEHP, FPNPE, DBS, BBPA, BEHP) sur le transport du Pt(IV) par MPI contenant le chlorure de trioctylmethyl ammonium (Aliquat 336) comme transporteur. Gardner et *col.* [129] ont élaboré des MPI à base de TAC en utilisant six plastifiants différents (2-NPOE, DBTP et TBEP, EEB, EPEG, EB)) pour estimer l'efficacité du transport facilité d'anions moyennant des amines comme complexants.

Dans d'autres travaux, Sugiura [130, 131] a aussi examiné l'effet du 2-NPOE avec des polyoxyethylène n-alkyl éthers (POE) et des sels d'ammonium quaternaire sur le transport des lanthanides (III). Il a constaté que les flux de transport sont sensiblement affectés par la longueur de la chaine alkyl et il a aussi attribué la variation des flux de transport au caractère lipophile des membranes obtenues. On retient que les deux caractéristiques physiques des composés utilisés comme plastifiants qui influencent le plus les flux du transport, sont la constante diélectrique (ε) et la viscosité (η).

V-2-3. Transporteur

Pratiquement, tous les types de complexant utilisés dans l'extraction par solvant ont été explorés pour le transport facilité à travers les MPI. Dans le tableau I-4 sont rassemblées quelques extractants utilisés dans ce domaine.

Tableau I-4 : Quelques exemples d'extractants étudiés pour le transport facilité par MPI

Type d'extractant	Références
Les extractants acides :	
le D2EHPA	[124]
les dérivés d'acide laurique	[64]
le D2EHDTPA	[132]
le Lasalocid A	[133]
le Cyanex 272	[134]
l'hydroxyoxime LIX 84-I	[125]
hydroxyquinoline (Kelex 100)	[122]
Les extractants basiques :	
les amines tertiaires	[90, 109, 135]
les dérivés ammonium quaternaire	[103, 121, 128]
les dérivés de pyridine	[120]
Les extractants neutres :	
le TOPO	[110]
Le CMPO et le TODGA	[112]
Les extractants macromoléculaires	
les éthers couronnes	[104, 136-138]
les calixarènes	[108, 111, 123, 139]

V-3. Mécanismes de transport dans les MPI

Dans les membranes à transport facilité, un mode dual de transport s'opère par le couplage de réactions de complexation / décomplexation et de diffusion au sein de la membrane. Cette diffusion représente généralement, l'étape limitante du transport. Le mécanisme de cette diffusion ne peut pas s'opérer de la même manière dans les membranes liquides supportées et les membranes polymères à inclusion, en raison de leurs différences de composition et de morphologie.

D'un coté, dans les MLS, le transporteur peut se déplacer assez librement à l'intérieur de la membrane et le soluté à transporter se trouve amené, sous forme de complexe, d'une face de la membrane jusqu'à l'autre face. Une fois le soluté libéré dans la phase aqueuse réceptrice, le complexant libre revient par diffusion pour véhiculer à nouveau d'autres espèces (Figure I-11(a)). De l'autre coté, dans les membranes solides à transport facilité, où le ligand est présenté comme chimiquement lié dans le cœur polymère de la membrane, (immobilisé en site fixe), la diffusion du soluté s'effectue par des transferts successifs d'un site à un autre « chained carrier » comme représenté sur la Figure I-11(b).

Cussler et *col.* [140] atteste qu'une diffusion facilitée peut aussi s'effectuer par le transporteur lié chimiquement à la matrice membranaire, s'il garde une certaine mobilité à l'intérieur de la membrane. Le modèle proposé lors de cette étude montre l'existence d'un seuil de percolation, c'est à dire une concentration suffisante en complexant pour constituer une chaine continue de sites permettent le transport.

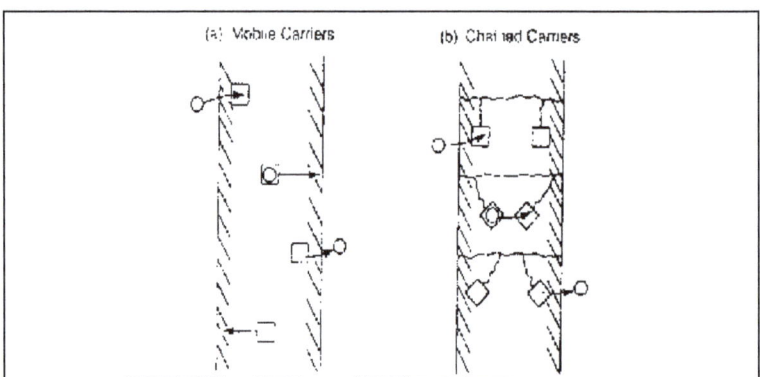

Figure I-11 : Représentation schématique de la diffusion d'un soluté à travers (a) une membrane liquide supportée (b) une membrane à transporteur enchaîné 'chained carriers' [140]

Le mécanisme de saut de sites fixes 'fixed-site jumping' a été retenu par certains auteurs [106, 136].

White et *col*. [90] ont développé une idée proche de celle de Cussler et *col*. [140], lors de l'étude du transport des saccharides à travers les MPI. L'existence d'un seuil de percolation soutient l'idée de sites fixes, cependant la diminution de la constante de diffusion en fonction de l'augmentation de la taille du saccharide, du transporteur (TOA) et du contre-ion (anion lié au transporteur), indique qu'un mécanisme de diffusion est impliqué lors du processus de transport. À cet effet, ils ont proposé un mécanisme de saut de sites mobiles 'mobile-site jumping' ou le saccharide est relayé le long d'une séquence de paires d'ions de transporteur, mobiles localement (Figure I-12).

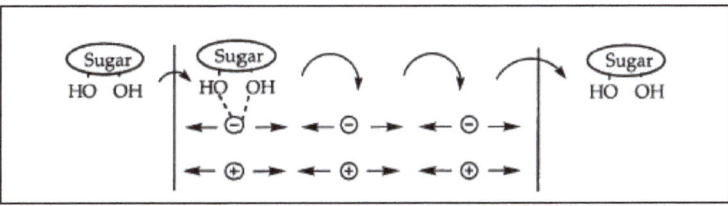

Figure I-12 : Mécanisme de saut de sites mobiles proposé pour le transport de saccharide moyennant un transporteur en paire d'ions. Le saccharide fait "des sauts" d'une paire d'ion à une autre, et/ou le complexe de saccharide-anion fait des " sauts" de cation à cation, mais le complexe de saccharide-transporteur des trois composantes est localement mobile [90]

Plus récemment, un mécanisme de transport à travers les MPI a été révisé [141] sur la base des résultats obtenus des études de transport du Cd(II) et du Pt(IV) à travers des MPI à base de TAC, élaborées avec le Lasalocid A et l'Aliquat 336 comme transporteurs respectifs des deux ions métalliques cités. Tous les résultats présentés ont été interprétés sur la base d'une évolution des interactions entre les composants de la MPI, conduisant à un phénomène de transition de phase. Cette transition de phase du polymère plastifié dopé avec le transporteur est due à l'augmentation de la concentration du transporteur dans les chaînes polymères. La membrane polymère à inclusion s'organise progressivement comme une membrane liquide supportée à cause de l'amplification des interactions préférentielles entre le transporteur et le plastifiant (Figure I-13).

La conclusion principale tirée de cette étude est que le mécanisme de transport d'ions par sauts entre sites fixes de complexation 'fixed-site jumping' classiquement adopté pour les MPI, ne s'applique pas vraiment ici. Ces systèmes semblent plutôt opérer selon un mécanisme basé sur la diffusion du complexe métal-ionophore à travers un milieu liquide organique où le transporteur est solvaté par le plastifiant. Il n'en demeure pas moins que la similitude MLS MPI ici n'est que formelle. La nature dimensionnelle des canaux liquides est sans doute très différente, on peut parler dans le cas de ces membranes plastifiées de diffusion restreinte, la diffusion dans les trois directions de l'espace n'étant très certainement pas isotrope.

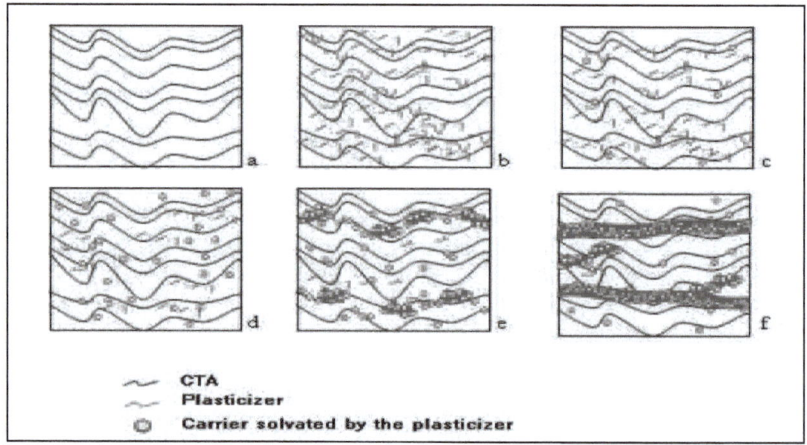

Figure I-13 : Mécanisme de transport à travers une MPI basé sur la coalescence de domaines liquides [141]

VI- CONCLUSION

Les membranes d'affinité (à transport facilité) sont des membranes qui permettent la séparation d'espèce variées (cation, anion ou molécule organique chargée ou neutre), grâce à la présence d'un mécanisme de reconnaissance (c'est ce qui introduit la notion d'affinité) et donc d'un récepteur spécifique en leur sein.

Les différentes configurations des membranes à transport facilité ont été présentées ainsi que leurs caractéristiques particulières. Les membranes liquides à transport facilité (volumique, à émulsion, et supportée) offrent des flux élevés et des durées de vie faibles. Les membranes solides (polymères organiques ou hybrides fonctionnalisés) se caractérisent par des vitesses de transport moins élevées et de bonnes résistances chimique et mécanique.

Les membranes polymères à inclusion, définies comme étant des membranes liquides à caractères presque-gel (semblables en quelque sorte aux membranes solides), semblent être une solution de choix entre ce compromis de manque de stabilité qui caractérise les membranes liquides et les faibles flux de transport des membranes solides. Les MPI seront donc présentées comme une alternative technologique sérieuse pour améliorer grandement la stabilité des membranes liquides supportées sans trop affecter l'intensité des flux comme c'est le cas des membranes solides à transport facilité.

Cette étude bibliographique a par ailleurs mis en évidence le rôle-clé du récepteur dans les procédés de séparation. Celui-ci détermine la nature du soluté à transporter. Il agit en particulier sur la balance hydrophile / hydrophobe du matériau membranaire, sur la sélectivité et le flux du transport, sur l'activation du transport. D'autres paramètres externes à la membrane permettent également d'activer le transport : présence d'autres solutés agissant comme force motrice, nature des phases source et réceptrice, nature du contre-ion.

Les mécanismes de transport impliqués dans la description du transfert de soluté à travers les membranes d'affinité ont été aussi exposés, avec un intérêt particulier pour ceux supposés décrire le transport dans les MPI.

CHAPITRE II
MISE EN ŒUVRE EXPERIMENTALE

Dans ce chapitre on se propose de présenter les produits chimiques, le matériel, ainsi que les méthodes d'analyse et de caractérisation utilisées au cours de ce travail de thèse pour étudier le transport des ions métalliques à travers les membranes d'affinité.

I. PRODUITS CHIMIQUES
I-1. Transporteurs

Nous avons choisi deux extractants transporteurs d'ions métalliques qui sont de nature différente : l'un est acide, le D2EHPA et l'autre est basique l'Aliquat 336, ce qui va engendrer comme nous le verrons par la suite des mécanismes de transport différents faisant appel à des spéciations de métaux différentes. Le tableau II-1 résume quelques caractéristiques physico-chimiques des deux transporteurs étudiés.

I-1-1. Le 2-Diéthyl hexyl phosphorique (D2EHPA)

Le D2EHPA est un acide aux multiples vertus dans l'extraction liquide-liquide. Sa constante d'acidité est $K_a = 1,99.10^{-2}$ [142]. C'est un extractant commercial qui convient bien à la récupération des cations métalliques comme le Pb(II), le Cd(II) et le Zn(II) [143-147].

I-1-2. Le chlorure de tricaprylylméthylammonium (Aliquat 336)

L'Aliquat 336 est l'un des sels d'ammonium quaternaires les plus utilisés dans les processus de séparation et d'élimination des ions métalliques. En effet, l'Aliquat 336 est très employé comme complexant pour l'élimination des métaux lourds par extraction liquide-liquide. Pour ce faire, ces métaux lourds doivent être présents dans les solutions aqueuses sous forme anionique, le complexant étant à l'interface des deux milieux liquides non miscibles sous forme cationique.

L'Aliquat 336 a été expérimenté pour l'extraction et la séparation de métaux tels que le Zn(II), le Cd(II) et le Pt(IV) et le Cr(VI) [100, 128, 148-151].

Tableau II-1 : Caractéristiques des transporteurs utilisés dans cette étude

Transporteur	Structure chimique	Masse molaire (g/mole)	Densité	Fournisseur
D2EHPA (transporteur acide)	R_1, R_2 = 2-éthylhexyl	322,43	0,976	Albright et Wilson
Aliquat 336 (transporteur basique)	R_1 = R_2 = R_3 = C_8H_{17}	404,17	0,884	Aldrich

I-2. Solvants et plastifiants

I-2-1. Le 2-nitrophényl octyl éther (2-NPOE)

Le 2-nitrophenyl octyl éther est très utilisé pour la conception de membranes d'affinité incorporant un complexant spécifique. Ce solvant présente une très bonne hydrophobie. La valeur du logarithme de son coefficient de lipophilie est 5,90. Ce coefficient qui est un indicateur du caractère hydrophobe d'un composé a été établi à partir de la mesure du coefficient de partage entre l'eau et l'octanol. C'est un liquide jaunâtre qui a une masse molaire de 251,33 g.mol^{-1}, une densité de 1,041, une viscosité de 12,8 cp et une température d'ébullition de l'ordre de 197-198 °C. Ce solvant est pratiquement le meilleur pour assurer le compromis de stabilité du complexe soluté-transporteur. En effet, sa constante diélectrique élevée ($\varepsilon = 23,1$) lui permet de solubiliser aisément le transporteur et le complexe soluté-transporteur formé à l'interface : phase source-membrane, tout en assurant la cohésion du complexe nécessaire au transport mais n'interdisant pas la décomplexation qui peut être l'étape limitante des processus de transport membranaires de membranes d'affinité.

Le 2-NPOE utilisé dans ce travail est un produit Aldrich

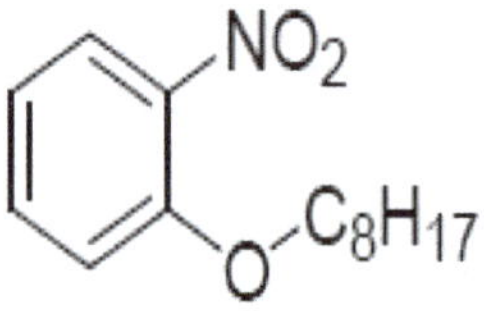

Figure II-1 : Formule chimique du 2-nitrophenyl octyl éther (2-NPOE).

I-2-2. Le 2-fluorophényl 2-nitrophényl éther (2-FP2-NPE)

La formule chimique du 2-FP2-NPE est représentée sur la figure II-2. C'est un liquide jaune qui présente une densité de 1,315, une masse molaire de 233,20 g.mol^{-1} et une température d'ébullition de 139-141°C. Ses propriétés de solvant sont similaires à celles du 2-NPOE, mais il possède une constante diélectrique beaucoup plus élevée ($\varepsilon = 50$) que le 2-NPOE et une viscosité comparable (13 cp). Le logarithme de son coefficient de lipophilie est de 2,90.

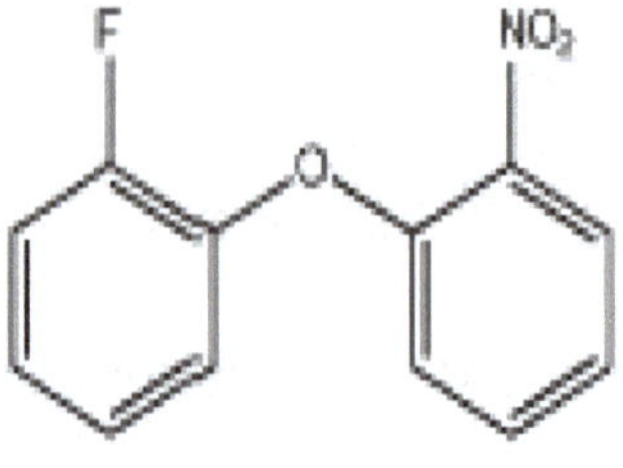

Figure II-2 : Formule chimique du 2-fluorophényl 2-nitrophényl éther (2-FP2-NPE).

I-2-3. Le dibutylphtalate (DBP)

Le dibutylphtalate de formule chimique (C_6H_4 $(COOC_4H_9)_2$) est un liquide d'une viscosité de η = 14,8 cp et de constante diélectrique faible ε = 4. Son poids moléculaire est de 278,35g/mole et sa densité de 1,04.

Les autres solvants utilisés pour la préparation des solutions organiques sont consignés dans le tableau II-2.

Tableau II-2 : Caractéristiques des solvants organiques utilisés

Solvant	formule chimique	T_{eb}(°C)	Fournisseur
Chloroforme	$CHCl_3$	61,1	Fluka
Acétone	CH_3COCH3	56,5	Labosi
Tétrahydrofurane (THF)	C_4H_8O	67,0	Rectapur

I-3. Support Polymère

Deux types de matrices polymères ont été utilisés pour réaliser les MLS et les MPI.

I-3-1. Support polymère des membranes liquides supportées

Le polypropylène (PP) de type Accurel® PP a été utilisé comme support polymère pour la préparation des membranes liquides supportées. Les paramètres physiques qui caractérisent ce polymère sont mentionnés dans le tableau II-3 Ces paramètres sont en général communiqués par le fournisseur sur les notices techniques d'utilisation.

Tableau II-3 : Caractéristiques physiques du polypropylène Accurel®(PP)

Epaisseur d (µm)	160
Diamètre de pores (µm)	0,1
Porosité θ	0,75
Tortuosité τ	1,29

I-3-2. Supports polymères des membranes polymères à inclusion

Deux types de polymères de natures chimiques différentes ont été utilisés pour l'élaboration des MPI :

I-3-2-a. Le triacétate de cellulose (TAC)

La structure chimique du TAC est représentée sur la figure II-3. Le TAC a une solubilité de 0,1g dans 10 mL de chloroforme. Le TAC que nous avons utilisé dans ce travail est un produit Fluka.

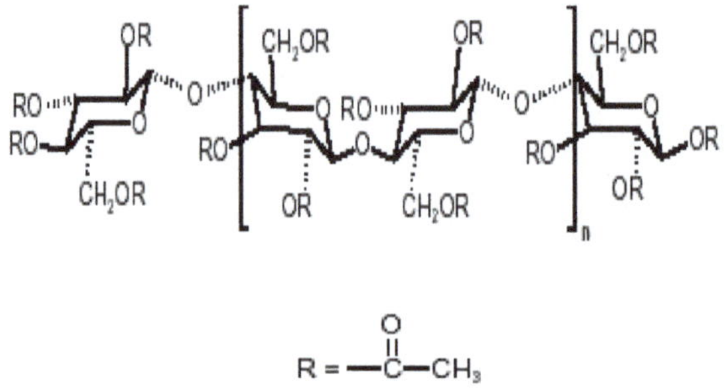

$$R = -\overset{O}{\underset{}{\overset{\|}{C}}}-CH_3$$

Figure II-3. Formule chimique du triacétate de cellulose (TAC)

I-3-2-b. Le chlorure de polyvinyle (PVC)

Le chlorure de polyvinyle est un polymère thermoplastique, connu généralement sous le nom de **PVC**. De formule $- (CH_2 - CHCl)_n -$, il est obtenu par polymérisation des monomères de chlorure de vinyle, $CH_2 = CHCl$. Il est très soluble dans le THF.

La méthode de préparation des MLS et MPI sera décrite en page 51.

I-4. Composés minéraux

Il s'agit essentiellement des deux espèces toxiques Cd(II) et Cr(VI) que nous avons choisi pour l'étude du transport facilité à travers les MLS et/ou les MPI. D'autres ions métalliques comme le Zn(II), le Pb(II), le Cu(II) et le Ni(II) ont été expérimentés pour le transport compétitif dans des mélanges, soit avec le Cd(II) soit avec le Cr(VI). L'ensemble des composés inorganiques utilisés ainsi que certaines de leurs caractéristiques se trouve dans le tableau II-4.

Tableau II-4 : Liste des composés inorganiques utilisés

Composé	Masse molaire (g/mole)	Pureté (%)	Fournisseur
Cd $(NO_3)_2$, $4H_2O$	308,47	99	Fluka
$CdCl_2$, $2.5H_2O$	228,34	98	Prolabo
Zn $(NO_3)_2$, $6H_2O$	297,47	98	Labosi
$ZnCl_2$	136,29	98	Riedel-de Haën
Pb $(NO_3)_2$	331,21	99,5	Riedel-de Haën
$PbCl_2$	278,10	99	Rectapur
$NaNO_3$	84,99	99	Labosi
$NaCl$	58,44	99	Labosi
H_2SO_4	98,07	96-98	Prolabo
$K_2Cr_2O_7$	294,18	99	Labosi
$NaOH$	40,00	99	Rectapur
HCl	36,5	36	Rectapur
NH_4Cl	70,5	100	Labosi
NH_4OH	35,05	26,5	Labosi

Nous avons choisi les ions métalliques du cadmium et du chrome pour cette étude, en raison de leur utilisation et leur impact sur l'environnement et la santé. Nous allons donc présenter un aperçu sur ces deux espèces en lien avec leur utilisation ainsi que leurs effets toxiques.

I-4-1. Le Cadmium

Le cadmium est un élément relativement rare qui n'existe pas naturellement à l'état natif. Il est présent dans la croûte terrestre à des concentrations d'environ 1 à 2 ppm, où il est souvent associé au zinc et au plomb.

Le cadmium est principalement utilisé pour la métallisation des surfaces, dans la fabrication d'accumulateurs électriques, de pigments, de stabilisants pour matières plastiques et d'alliages [143].

Le cadmium est un élément toxique, dont la valeur limite de concentration autorisé pour certains rejets industriels au niveau de la communauté européenne, varie de 0,05 mg/l à 0,2 mg/L selon le domaine d'activité [152].

Quant aux valeurs limites de concentration du cadmium dans les rejets d'effluents liquides retenues par les autorités Algériennes, elles varient de 0,07 mg/l pour les industries des matériaux (céramique, verre…) à 0,2 mg/L pour les effluents liquides industriel des applications du cadmium [153].

Propriétés chimique du Cd(II) :

Le Cd(II) reste majoritairement sous forme de cations libres (Cd^{2+}) jusqu'à un pH d'environ 9. En effet, en considérant l'équilibre de précipitation de Cd(II) sous forme d'hydroxyde :

$$Cd(OH)_2(s) \rightleftharpoons Cd^{2+}{}_{aq} + 2OH^-{}_{aq} \qquad \log K_s = -14,35 \text{ à } 25 \,°C$$

$K_s = [Cd^{2+}]_{aq} \times [OH^-]^2{}_{aq} = [Cd^{2+}]_{aq} \times 10^{(-28 + 2pH)}$

$\log K_s = \log [Cd^{2+}]_{aq} - 28 + 2pH$

$\log [Cd^{2+}]_{aq} = \log K_s + 28 - 2pH$

pour $[Cd^{2+}]_{aq} = 10^{-4}$ M (12 mg/L) , le pH de début de précipitation est de 8,82.

Données toxicologiques

<u>Devenir du cadmium dans l'organisme</u>

Les deux principales voies d'absorption sont l'inhalation et l'ingestion. Par voie pulmonaire, une fraction du cadmium se dépose le long du tractus respiratoire en fonction de la taille des particules inhalées. Puis selon leur caractère hydrosoluble, les sels les plus solubles : chlorures et oxydes sont absorbés à environ 90-100 % et les sulfures sont absorbés à hauteur de 10 %. Cette absorption peut se poursuivre pendant plusieurs semaines même après une inhalation unique. Par voie digestive, l'absorption est d'environ 5%. Le taux d'absorption du cadmium est directement lié à la forme chimique impliquée. Ce taux d'absorption peut être augmenté lors de carences alimentaires en calcium, en fer, en zinc, en cuivre ou en protéines.

Le cadmium est transporté dans le sang fixé à l'hémoglobine ou aux métallothionéines. Le cadmium se concentre principalement dans le foie et les reins (entre 50 % et 70 % de la charge totale). Il est également retrouvé dans le pancréas, la glande thyroïde, les testicules et les glandes salivaires. Dans les différents tissus, le cadmium se fixe sélectivement sur les métallothionéines. Celles-ci sont des protéines dont la synthèse est directement stimulée par l'exposition au cadmium et c'est sous cette forme de complexe avec les métallothionéines que le cadmium peut être stocké dans les organes. Le cadmium libre est à l'origine des effets toxiques observés. Le cadmium possède un temps de demi-vie dans l'organisme de l'ordre de 20 à 30 ans dans le rein et de 30 jours dans le sang.

Le cadmium est excrété dans les fèces, les urines et les phanères. En l'absence de lésions rénales, l'excrétion urinaire du cadmium est proportionnelle à la charge corporelle et aux niveaux d'activité rénale et hépatique.

I-4-2. Le Chrome

Le chrome existe sous plusieurs valences comprises entre -2 et +6 mais c'est surtout sous l'état trivalent ou hexavalent qu'on le trouve dans la nature. Le chrome trivalent (Cr [III]) est l'état le plus répandu. La plupart des sols et des roches contiennent de petites quantités d'oxyde chromique (Cr_2O_3). Le chrome hexavalent (Cr [VI]) est rare, et les chromates (CrO_4^{2-}) et les bichromates ($Cr_2O_7^{2-}$) qui sont observés dans l'environnement proviennent généralement de rejets industriels ou domestiques.

Le chrome est très utilisé dans l'industrie. Dans le secteur métallurgique, les composés du chrome hexavalent servent à la fabrication de chrome métallique et d'alliages, ainsi qu'au chromage; dans l'industrie chimique on les utilise surtout comme oxydants. L'emploi des sels de chrome trivalent est moins généralisé, ces substances étant employées dans la teinture de textiles, l'industrie de la céramique et du verre, le tannage des cuirs et la photographie [154].

La concentration de chrome maximale tolérée est de 0,5 mg/L dans les rejets [155], dans l'eau de boisson la limite est de 0,05 ml/L [156]. Le chrome à l'état trivalent, que l'on retrouve le plus fréquemment dans la nature, n'apparaît pas comme un métal toxique. Cependant, si les eaux brutes en contiennent, le procédé de traitement par chloration peut l'oxyder et le transformer en chrome hexavalent, auquel on attribue l'essentiel des effets toxiques du chrome pour l'homme [157].

La valeur limite de concentration du chrome dans les rejets, retenue par les autorités Algériennes est de 0,5 mg/L [153].

Propriétés chimique du Cr(VI) :

Le Cr(VI) se trouve le plus souvent sous la forme de composés anioniques. Les ions chromates existent sous différentes formes ioniques, en solution aqueuse. En termes de spéciation, la distribution de ces espèces dépend de la concentration totale en chromates et du pH de la solution. L'ensemble des équilibres ioniques décrit par les « équations-bilan » suivantes résume les équilibres réactionnels impliqués majoritairement majoritaires [157]:

Réaction	logK (25°C)	
$H_2CrO_4 \leftrightarrow H^+ + HCrO_4$	-0,8	(4)
$HCrO_4^- \leftrightarrow H^+ + CrO_4^{2-}$	-6,5	(5)
$2HCrO_4^- \leftrightarrow Cr_2O_7^{2-} + H_2O$	1,52	(6)

La figure II-4 représente le diagramme de distribution des espèces chromates.

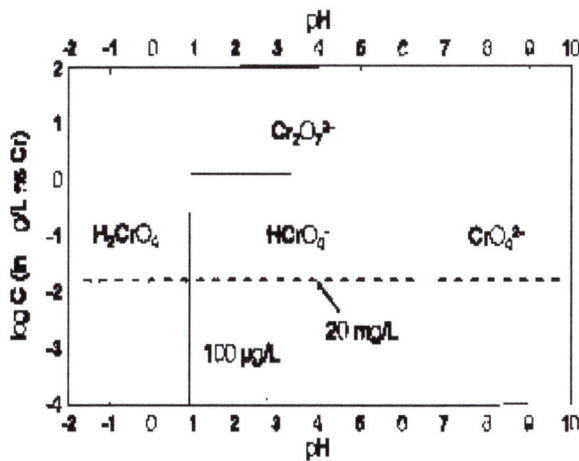

Figure II.4. Diagramme de prédominance montrant la distribution relative des différentes espèces de Cr(VI) dans l'eau en fonction du pH et de la concentration totale en Cr(VI) [157].

Cabatingan et *col.* [158] ont rajouté aux équilibres précédents l'équilibre de dissociation acide suivant :

$$HCr_2O_7^- \leftrightarrow H^+ + Cr_2O_7^{2-} \quad \text{et} \quad logK = -0,07 \qquad (7)$$

Ils ont aussi tracé un diagramme de distribution des espèces pour une concentration totale de $7,69.10^{-3}$ M en chrome total. Ils ont ainsi conclu que $HCrO_4^-$ et $Cr_2O_7^{2-}$ sont les espèces prédominantes pour les pH < 6,5 et leurs concentrations paraissent indépendantes du pH dans l'intervalle 2 - 5. Aux pH > 6,5 c'est l'espèce CrO_4^{2-} qui est prédominante.

Effets toxiques :

Les effets toxiques connus du chrome chez l'homme sont surtout attribuables au chrome hexavalent; on considère que le chrome trivalent est un métal non toxique. Une seule dose orale de 10 mg de chrome hexavalent par kilogramme de poids corporel entraîne chez l'homme une nécrose du foie, une néphrite et la mort. Une dose plus faible produit une irritation et une ulcération de la muqueuse gastro-intestinale et occasionnellement une encéphalite ainsi qu'un grossissement du foie. On n'attribue aucun effet local ou généralisé à l'ingestion de chrome trivalent. L'inhalation d'air contenant des concentrations élevées de chrome endommage l'appareil respiratoire et induit des cancers.

A la différence d'autres métaux lourds toxiques, les oxyanions de Cr (VI) ou les chromates sont tout à fait solubles en phase aqueuse à pratiquement tous les pH et se trouvent ainsi, très mobiles dans l'environnement [157].

Toutes ces données montrent le besoin réel de disposer de systèmes spécifiques pratiques pour la récupération de ce type d'espèces métalliques se trouvant dans des solutions diluées. Cela a conduit les chercheurs à développer de nouvelles techniques de séparation pour ce type d'espèce métallique toxique.

Plusieurs méthodes de séparation et de pré-concentration ont été développées afin de récupérer et d'éliminer ces ions métalliques. Cependant, en général, les effluents obtenus après traitement contiennent encore des taux non négligeables de chrome. Pour répondre aux exigences des directives des rejets liquides chromés (0.5 mg/L en chrome total) [155], la communauté scientifique est encouragée à concevoir, évaluer et mettre en œuvre des procédés permettant de récupérer le métal à l'état de traces.

Les méthodes communément utilisées incluent la précipitation chimique, l'échange ionique, l'adsorption, l'extraction par solvant, et les séparations membranaires [159].

Toutefois la méthode conventionnelle la plus utilisée pour l'extraction du chrome (VI) est la précipitation chimique. Le Cr (VI) est d'abord réduit en Cr (III) puis précipité [160]. Cependant ce processus est très laborieux, du fait qu'il nécessite l'utilisation d'une grande quantité de réactifs chimiques [161].

En raison de cela, les techniques membranaires ont été largement étudiées ces dernières décennies, dans des applications à l'extraction du Cr (VI) [98, 102, 162-164] et les membranes polymères à inclusion (MPI) en font partie.

Ainsi, plusieurs études ont été réalisées sur l'utilisation des membranes polymères à inclusion pour l'extraction et le transport du Cr (VI) [105].

Kozlowski et col. [165] ont proposé une méthode basée sur l'utilisation d'une MPI contenant la trioctylamine (TOA) comme transporteur pour l'extraction du Cr (VI) dans des solutions d'acide chlorhydrique. Dans un autre travail, Kozlowski et Walkowiak [148] ont comparé les flux de transport du Cr(VI) obtenus en utilisant des MPI à base de PVC et de TAC et contenant la trioctylamine (TOA) comme extractant. Ils ont observé une efficacité de transport plus faible à travers les MPI à base de chlorure de polyvinyle (PVC) pour de faibles concentrations en TOA. La meilleure efficacité de transport qui a été enregistrée pour la membrane à base de triacetate de cellulose (TAC) a été attribuée au caractère plus hydrophile du TAC. Wionczyk et col. [166] ont décrit le transport du Cr (VI) en milieu acide sulfurique, avec des MPI à base de TAC, en utilisant le N-oxyde de 4-(1'-n-tridecyl) pyridine (TDPNO) comme transporteur et le nitrophenyl pentyl (NPPE) comme plastifiant. Ils ont montré qu'une concentration de 0,3M en H_2SO_4 est optimale pour le transport.

II. MATERIELS ET METHODES D'ANALYSE ET DE CACTERISATION

II-1. Montage de transport

Le montage de transport a été réalisé au laboratoire et il est décrit sur la figure II-5. Il est constitué des parties suivantes :

- deux demi-cellules en Plexiglas de dimensions internes 6x7x7 cm (le volume utilisable dans chacun des compartiments destinés à recevoir les phases aqueuses extra-membranaires est de 250 cm^3) avec une ouverture latérale de communication entre demi-cellules de 10.74 cm^2 de surface;
- deux agitateurs mécaniques avec des hélices en verre ;
- deux joints d'étanchéité résistants aux phases organiques ;
- quatre boulons en acier assurant le serrage des demi-cellules ;
- un pH-mètre de marque InoLab.

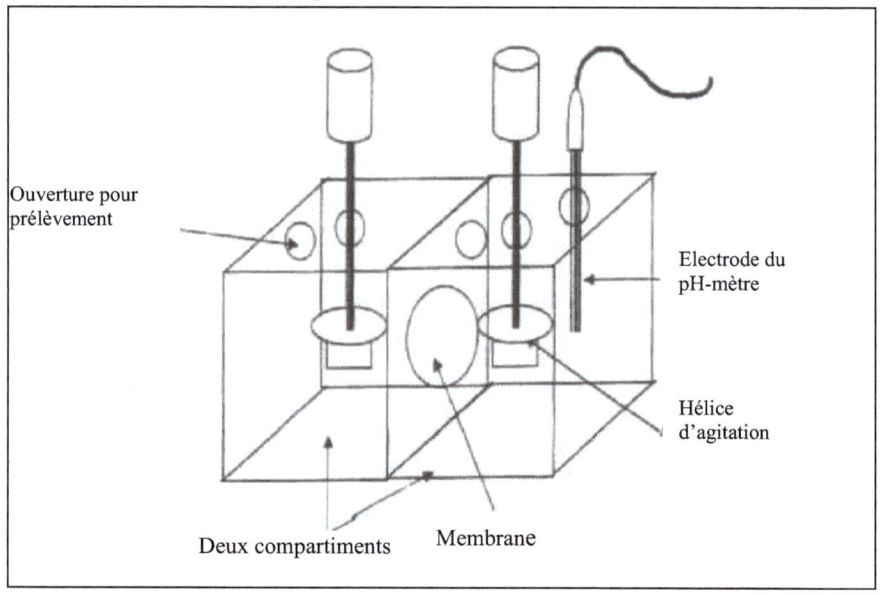

Figure II-5 : Montage de la cellule de transport

C'est à la surface de l'ouverture et entre les deux compartiments que la membrane (MLS ou MPI) est placée, présentant ainsi une surface de contact identique avec chacun des deux compartiments.

Les deux compartiments sont munis de couvercles pour minimiser l'évaporation qui peut être importante lorsque les expériences de transport membranaire sont conduites pendant des durées relativement longues (pour juger par exemple de la stabilité des membranes et de leur efficacité).

Les flux de transport des ions métalliques à travers une MLS ou une MPI sont déterminés en suivant par dosage la variation de la concentration du métal dans les phases source et réceptrice en fonction du temps, par spectrométrie d'absorption atomique ou par spectrophotométrie UV-Visible.

Pour mesurer cette variation au cours du temps, on procède par des prélèvements de 0.2 mL de chacune des deux phases à un temps noté t. Les propriétés du transport ne sont pas affectées par ces prélèvements dont les volumes très réduits en regard des volumes initiaux des phases aqueuses ne modifient pas ces derniers de manière sensible, pour nécessiter des ajouts de solution en compensation.

II-2. Elaboration des MLS et des MPI

Pour étudier le transport facilité d'ions à travers des membranes d'affinité incorporant des complexants spécifiques, deux types de membranes ont été élaborés, les MLS et les MPI.

II-2-1. Elaboration d'une MLS

Une solution contenant le complexant est préparée par dissolution de ce dernier dans un solvant organique adéquat. Le support polymère microporeux hydrophobe est par la suite immergé dans cette solution organique (imprégnation par immersion). Le support polymère utilisé est en polypropylène. On laisse diffuser la solution organique dans les pores du matériau, pendant 15 à 16 heures (toute une nuit). La pénétration du liquide organique s'effectue ainsi très facilement car la tension superficielle du liquide d'imprégnation choisi est inférieure à la tension critique du support polymère.

II-2-2. Elaboration d'une MPI

La procédure d'origine d'élaboration des membranes polymères d'inclusion a été décrite par Sugiura et *col.* [90]. Nous avons suivi ce protocole pour élaborer des membranes polymères à inclusion à partir d'une solution contenant le triacétate de cellulose dissout dans le chloroforme. Généralement, une masse de 0,2 g de TAC est dissoute dans 20mL de chloroforme sous agitation magnétique pendant 2 heures. Ensuite une masse adéquate d'un complexant spécifique choisi (D2EHPA ou Aliquat 336) et un volume donné de plastifiant (2-NPOE, par exemple) sont ajoutés à la solution de TAC dans le chloroforme et le tout est mélangé sous agitation magnétique pendant 30 minutes. La solution ainsi obtenue est versée dans une boite de Pétri en verre de 9 cm de diamètre. Cette dernière est déposée de façon à ce qu'elle soit parfaitement horizontale. Elle est couverte partiellement afin de permettre au chloroforme de s'évaporer lentement à température ambiante pendant au moins 24 heures. Le film ainsi obtenu à la surface de la boite de Pétri est enlevé soigneusement après ajout de quelques gouttes d'eau en s'aidant d'un « cutter » et d'une pince. Deux échantillons circulaires du film obtenu sont découpés pour des expériences en duplicata.

Avant son découpage, l'épaisseur du film est mesurée à l'aide d'un micromètre numérique (Mitutoyo) avec 0.1 µ de précision.

Pour les MPI à base de PVC, le chloroforme a été remplacé par le THF.

II-3. Méthodes d'analyse et de caractérisation

II-3-1. Spectrométrie d'absorption atomique

Les dosages du Cd(II), du Zn(II), du Pb(II), du Cu(II) et du Ni(II) ont été effectués par spectrométrie d'absorption atomique à flamme au moyen d'un spectrophotomètre de marque SCHIMADZU de type AA6500, piloté par un micro-ordinateur.

II-3-2. Spectrophotométrie UV-Visible

Le Cr(VI) dans les solutions aqueuses a été dosé par spectrophotométrie UV-Visible. Les déterminations spectrophotométriques ont été effectuées à la longueur d'onde d'absorption maximale du complexe Cr (VI)-DPC (λ_{max} = 540 nm). Il est à noter que la 1,5-diphenylcarbazide (DPC) est largement utilisée comme agent complexant pour le dosage spectrophotométrique pour le chrome (VI) en raison de sa grande sensibilité et de sa sélectivité [167, 168]. Toutes les mesures d'absorbances du complexe coloré ont été réalisées avec un spectrophotomètre Shimadzu UV-Visible 2102 piloté par un micro-ordinateur.

II-3-3. Microscopie électronique à balayage

La connaissance détaillée de la nature physique de la surface du solide est d'une importance capitale dans de nombreux domaines. La microscopie optique est la méthode classique fournissant ce type d'informations, elle conserve une grande utilité dans l'étude des surfaces. Néanmoins, la résolution de la microscopie optique est limitée et la microscopie électronique à balayage est une technique de plus haute résolution. L'obtention de l'image de la surface d'un échantillon solide par cette technique est basée sur un balayage de trame de la surface à l'aide d'un faisceau d'électrons finement focalisé ou de toute autre sonde adéquate. Le faisceau d'électrons (1) balaye la surface le long d'une droite (suivant une direction x), (2) il est alors ramené à son point de départ et (3) déplacé vers le bas (suivant la direction y) d'une distance fixe. L'opération est répétée jusqu'à ce que la région que l'on souhaite étudier ait été explorée. Pendant l'opération de balayage, le signal de la sonde, située au-dessus de la surface (dans la direction z), est mesuré et stocké dans un ordinateur afin d'y être converti en image [169].

La microscopie électronique à balayage permet d'étudier la surface et l'homogénéité de la membrane. Les membranes élaborées ont été scannées avec un microscope électronique à balayage type HITACHI S4500 qui peut atteindre une résolution de 1,5 nm. L'échantillon membranaire est placé sur un plot, qui, avant d'être introduit dans la chambre à vide du microscope subit une étape de métallisation. En effet, on dépose, par pulvérisation cathodique une fine couche conductrice de platine à la surface de l'échantillon membranaire afin d'éviter la formation de charges électrostatiques gênantes pour la caractérisation.

II-3-4. Diffraction des rayons X

Tout comme la spectroscopie optique classique, la spectroscopie par rayons X est basée sur la mesure de l'émission, de l'absorption, de la diffusion, de la fluorescence et de la diffraction des rayonnements électromagnétiques. Les méthodes de fluorescence et d'absorption des rayons X sont très utilisées dans l'analyse qualitative et quantitative de tous les éléments du tableau périodique de numéro atomique supérieur à celui du sodium [169].

La diffraction des rayons X est une méthode de caractérisation qui permet de déterminer les caractéristiques géométriques d'un cristal (distances internucléaires, angles...). Le cristal à étudier est alors bombardé par un faisceau d'électrons homocinétiques. Des électrons émis par une source d'électrons sont accélérés sous l'action d'une différence de potentiel. Ces électrons accélérés passent ensuite à travers un sélecteur de vitesse. L'échantillon à étudier est enfin bombardé par ce faisceau d'électrons homocinétiques sélectionné et le diffractogramme correspondant à cet échantillon est enregistré.

Des petits bouts de membranes polymères plastifiés sont placés sur un support inerte pour être étudiés par un diffractomètre de rayons X type XPERT PRO. La longueur d'onde incidente est celle de la raie K_α du Cu à 1,54247 Å. La plage angulaire étudiée est située entre 5,00271 et 59,98279° avec un pas de 0,03342°.

II-3-5. Analyse thermique

L'analyse thermique permet de mesurer différents paramètres (masse, flux thermique) en fonction de la température sous atmosphère contrôlée (air, gaz inerte, hydrogène, vide), on distingue plusieurs méthodes d'analyses [170].

Afin de distinguer la stabilité thermique et de discerner les déplacements de températures caractéristiques qui seraient dus à des formations éventuelles de nouvelles liaisons, nous avons effectué des analyses thermiques du type ATG et ATD.

II-3-5-a. Analyse thermogravimétrie (ATG)

C'est une technique mesurant la variation de masse d'un échantillon lorsqu'il est soumis à une programmation d'élévation de température, sous atmosphère contrôlée. Cette variation de masse peut être une perte de masse (déshydratation, décomposition, …) ou un gain de masse (fixation de gaz).

II-3-5-b. Analyse thermique différentielle (ATD)

C'est une technique mesurant la différence de température entre un échantillon et un échantillon de référence en fonction du temps, ou de la température, sous atmosphère contrôlée (changement d'état).

Les analyses thermiques des membranes ont été faites en utilisant un appareil de thermogravimétrie de haute résolution, ATG 2350 (TA instruments) et un autre appareil SETARAM TG-DTA92 avec une température allant de l'ambiante jusqu'à 1500°C.

II-3-6. La spectrophotométrie infrarouge (IR)

C'est une méthode d'analyse qualitative, non destructive et l'une des méthodes les plus efficaces (et une des plus répandues) pour l'identification des molécules organiques et inorganiques à partir de leurs propriétés vibrationnelles et permettant d'identifier les groupements caractéristiques d'une substance donnée.

La spectrométrie infrarouge est la mesure à différentes longueurs d'ondes de l'intensité des radiations infrarouges absorbées par un échantillon, car dans ce domaine spectral, l'absorption de la lumière par la matière a pour origine l'interaction entre les radiations de la source lumineuse et les oscillateurs des liaisons chimiques entre atomes.

Le domaine infrarouge se subdivise en trois régions: l'infrarouge proche (IRP: 13333-4000 cm^{-1} ou 0,8-2,5 µm), l'infrarouge moyen (IRM: 4000-700 cm^{-1} ou 2,5-15 µm) et l'infrarouge lointain (IRL: 700-10 cm^{-1} ou 15-1000 µm).

Dans le domaine d'infrarouge moyen (IRM) les bandes d'absorption ou de réflexion sont normalement dues aux divers groupements atomiques. Les spectres dans l'IRM d'un composé apportent toujours des informations importantes sur les groupements fonctionnels qui le constituent. La plupart des bandes caractéristiques des composés se situent dans la zone moyenne du spectre infrarouge [171].

Des analyses IR des différentes membranes étudiées dans ce travail et de leurs constituants purs ont été réalisées avec un spectrophotomètre infrarouge à transformée de Fourier (FTIR) 710 de Nicolet dans le but de détecter les groupements fonctionnels et les modifications pouvant apparaître dans chaque membrane.

CHAPITRE III

EXTRACTION LIQUIDE-SOLIDE ET TRANSPORT FACILITÉ D'IONS MÉTALLIQUES À TRAVERS DES MEMBRANES LIQUIDES SUPPORTÉES ET POLYMÈRES À INCLUSION

Ce chapitre va être consacré à l'étude de l'extraction et du transport facilité du Cadmium(II) et du Chrome(VI) à travers deux types de membrane d'affinité, les membranes liquides supportées et les membranes polymères à inclusion. Pour cela, deux transporteurs de nature chimique différente ont été expérimentés. L'un est de type acide, il s'agit de l'acide di-2-ethyl hexyl phosphorique (D2EHPA) et l'autre est de type basique ; le chlorure de trioctyl méthyl ammonium (Aliquat 336), tous les deux sont liquides à température ambiante.

La dépendance des flux avec la concentration et la nature de l'extractant, la nature chimique du solvant (plastifiant), sa quantité et la nature du polymère de base a été examinée. Ces paramètres sont vraisemblablement ceux qui conditionnent principalement le transport à travers ces membranes, au delà des paramètres qui caractérisent les solutions aqueuses, comme le pH, la concentration en métal, la composition ionique…

I- EXTRACTION LIQUIDE-SOLIDE ET TRANSPORT FACILITÉ DES IONS Cd(II) PAR MEMBRANES D'AFFINITÉ (MLS ET MPI)
I-1. Introduction

L'objectif de ce travail de thèse est dans le droit fil de l'évaluation des performances et de la stabilité des membranes d'affinité dont il vient d'être question.

Cette première partie du travail va donc consister à comparer l'efficacité de transport du Cd(II) entre deux MPI à base de triacétate de cellulose (TAC) contenant deux types de transporteurs, l'un de type acide le D2EHPA et l'autre de type basique l'Aliquat 336.

Mécanismes de complexation

Les mécanismes de complexation sont directement liés au type de ligand (transporteur) mis en jeu.

Dans le cas du D2EHPA, le mécanisme de complexation avec les cations bivalents est celui reporté par plusieurs auteurs [172, 173] et caractérisé par la réaction d'échange ci-dessous :

$$M^{2+}_{aq} + (2+n)\,HR_m \leftrightarrow MR_2(HR)n_m + 2H^+_{aq} \tag{I}$$

Il est donc question d'un échange entre le proton du complexant acide HR_n ($n = 1$ ou 2) (HR_n = D2EHPA) et le cation métallique M^{2+} se trouvant en solution aqueuse.

Par contre l'Aliquat 336 qui est un ammonium quaternaire, réagit par échange anionique et formation de paires d'ions avec une entité anionique. Le métal doit donc être présent en solution aqueuse sous la forme d'une espèce anionique pour qu'il puisse être complexé par l'ammonium quaternaire. Le mécanisme retenu dans ce cas est celui proposé par Wang et *col.* [151] et donné par les équations bilan (II) et (III):

$$ACl_m + [MCl_3]^-_{aq} \leftrightarrow A[MCl_3]_m + Cl^-_{aq} \tag{II}$$

$$2ACl_m + [MCl_4]^{2-}_{aq} \leftrightarrow A_2[MCl_4]_m + 2Cl^-_{aq} \tag{III}$$

où ACl est l'Aliquat 336, M est l'ion métallique, les indices m et aq indiquent les phases membranaire et aqueuse respectivement.

I-2. Transport facilité des ions Cd(II) par MLS

I-2-1. Transport passif

Le transport passif ne fait intervenir que les propriétés physiques de la membrane, et dans cette dernière le transport est régi par le gradient de la concentration du métal entre les deux compartiments, ainsi que par la différence de pH.

L'étude a été réalisée avec une membrane en polypropylène (PP) imprégnée par le solvant (chloroforme) en absence d'extractant. La concentration initiale en Cd(II) a été fixée à 10,20 ppm et après un temps de contact de 8 heures, cette concentration a été remesurée et sa valeur est passée à 10,10 ppm dans la phase source. Aucune trace de cadmium n'ayant été détectée dans la phase réceptrice, on peut conclure qu'aucun transport non facilité, c'est à dire de type fuite passive, n'est mis en jeu par un gradient de concentration du métal avec ce type de membrane.

Cependant, au cours de cette expérience une variation de pH de presque une unité a été enregistrée (pH_i = 4,96 et pH_f = 4,07). Celle-ci peut être expliquée par une certaine fuite de l'acide nitrique de la phase réceptrice vers la phase source. Ce fait a été aussi remarqué par d'autres chercheurs [174] qui ont montré par des analyses spectrophotométriques UV-Visible, qu'une telle chute de pH provient bien d'une fuite d' HNO_3.

En conclusion, le transport des ions Cd(II) ne peut être réalisé par la membrane ne contenant que le solvant, la présence d'un extractant est donc nécessaire pour assurer l'affinité de la membrane pour le transport de ces espèces métalliques.

L'imprégnation du support polymère (PP) avec une solution contenant le solvant et le transporteur donne lieu à la formation d'une membrane liquide supportée (MLS) assurant un transport de type facilité et actif. La facilitation est assurée par l'intervention du complexant dans le processus de transport. Le caractère actif est quant à lui lié au couplage qui s'opère entre le transport d'une autre espèce que celle métallique transportée et le transport du métal lui-même. Ici il s'agit des protons, comme indiqué dans l'équation 1. Dans ce qui suit, nous allons présenter les résultats obtenus de l'étude de l'effet de plusieurs paramètres sur le transport facilité des ions Cd(II) par MLS contenant le D2EHPA comme transporteur.

I-2-2. Transport actif

I-2-2-a. Effet de la concentration en extractant (D2EHPA)

La figure III-1 représente les variations de la perméabilité et du flux initial en fonction de la quantité de D2EHPA contenue dans la membrane (exprimée en % (V/V) extractant/solvant).

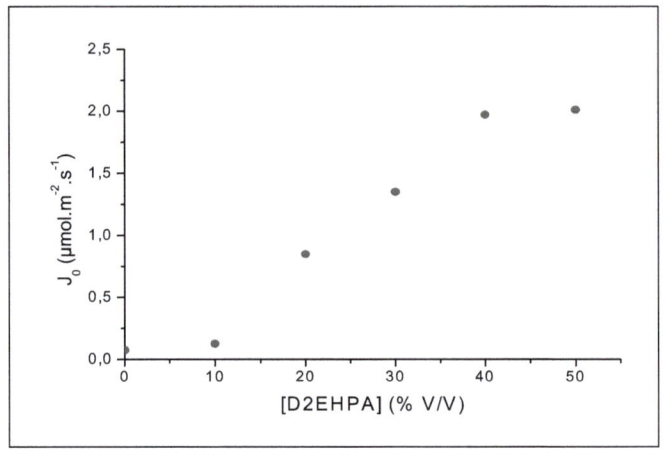

Figure III-1. Variation du flux initial de transport des ions Cd (II) à travers une MLS en fonction de la concentration en D2EHPA
Phase source: [Cd(II)] = 10 mg/L, [NaNO$_3$] = 0,1M, pH = 5
Phase réceptrice : [HNO$_3$] = 0,1M
MLS : PP imprégné par une solution de chloroforme (CHCl$_3$) contenant le D2EHPA à des quantités allant de 10% à 50% (V/V)

Nous remarquons que le flux de transport augmente plus ou moins linéairement quand la quantité de transporteur croît. À partir d'une concentration de 40% (V/V), le flux (J$_0$ = 2,2 µmol.m^{-2}.s^{-1}) ne varie presque plus. Cette tendance a été déjà enregistrée dans d'autres études [41, 175] et cela peut être expliqué par l'augmentation de la viscosité de la phase organique membranaire par la présence du complexant et/ou par la saturation de la complexation du métal par la forte concentration de molécules de transporteur présentes aux interfaces de la membrane (limite cinétique). Nous déduisons donc que cette quantité d'extractant est optimale pour le transport des ions Cd(II) dans ces conditions. Pour des concentrations plus élevées (>50%) nous avons remarqué la formation d'une couche huileuse à la surface de la phase aqueuse d'alimentation après contact avec la membrane, ce qui implique une perte de la phase organique d'imprégnation.

I-2-2-b. Effet de la nature du solvant de la phase membranaire

Trois solvants de différentes natures chimiques (n-heptane, xylène et chloroforme) ont été utilisés pour étudier l'effet de la nature du solvant sur le transport des ions Cd(II) à travers les MLS.

Les flux de transport obtenus pour un temps de fonctionnement de 8 heures, sont donnés dans le tableau III-3.

Tableau III-3 : Flux de transport des ions Cd(II) à travers les MLS contenant le transporteur D2EHPA dissout dans différents solvants

Solvant organique	Flux ($\mu mol.m^{-2}.s^{-1}$)
n-heptane	2,29
Xylène	2,54
Chloroforme	2,27

Ces résultats révèlent que la nature du solvant a peu d'influence sur le flux de transport des ions Cd(II). Nous pouvons déduire que le solvant ne joue ici que le rôle d'un liquide de remplissage assurant la solubilisation de l'extractant.

Parthasarathy et Buffle [176] attestent que la solubilité dans l'eau du solvant utilisé pour solubiliser l'extractant, doit être faible. Cependant sa constante diélectrique ne doit pas être très faible afin de ne pas trop atténuer le coefficient de distribution du métal dans le solvant.

Pour la suite du travail, le chloroforme a été retenu pour élaborer les MLS.

I-2-2-c. Effet de la concentration en ions métalliques Cd(II)

La figure III-2 montre la variation du flux de transport des espèces Cd(II) pour différentes concentrations en ions métalliques.

Le flux augmente quand la concentration en Cd(II) croît jusqu'à atteindre la valeur de 6,0 $\mu mol.m^{-2}.s^{-1}$ pour la concentration de 0,34 mol/m^3 (40 mg/L). Au-delà de cette valeur, le flux de transport enregistre une diminution (la valeur de J_0 est de

$3,35$ μmol.m^{-2}.s^{-1} pour une concentration de 50 mg/L en ions Cd(II)). Fontàs et *col.*
[177] ont attribué ce type de diminution de flux à la surcharge de la phase
organique par les entités complexées et à la possible formation d'un solide dans la
membrane (agrégats de complexes) ce qui rendrait plus difficile la libération du
métal dans la phase réceptrice.

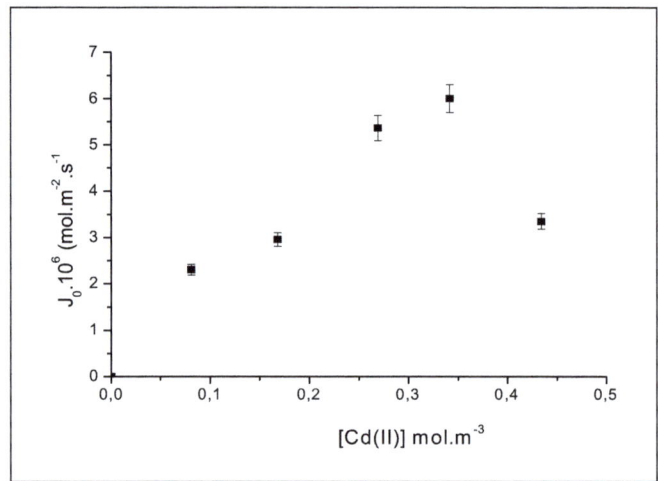

**Figure III-2 : Variation du flux de transport de Cd(II) à travers les MLS pour
différentes concentrations en cadmium.**
Phase source : solution de Cd(II) à 10 mg/L en milieu nitrate (0,1M);
Phase réceptrice : HNO$_3$ à pH 1;
Membrane : film de PP imprégné avec une solution de D2EHPA (40% (V/V))

I-2-2-d. Effet du pH de la phase source

Lorsque la membrane contient un transporteur acide, le transport d'un
cation se fait par échange cation-proton. La force motrice du transfert est ici le
gradient de pH entre la phase alimentation (pH élevé) et la phase réceptrice (pH
faible) [10].

Le transport des ions Cd(II) (à une concentration de 10 mg/L) à travers une MLS
contenant le D2EHPA à une concentration de 40% (V/V) a été étudié pour des pH
de la solution d'alimentation variant entre 2 et 5, le pH de la phase réceptrice étant
quant à lui fixé à 1.

La figure III-3 représente l'évolution de la concentration de Cd(II) dans les deux solutions aqueuses en fonction du temps, pour les pH 2 et 5.

Une efficacité d'extraction de 98,26% a été atteinte à pH = 5, par contre à pH = 2, cette efficacité n'est que de 41,29%.

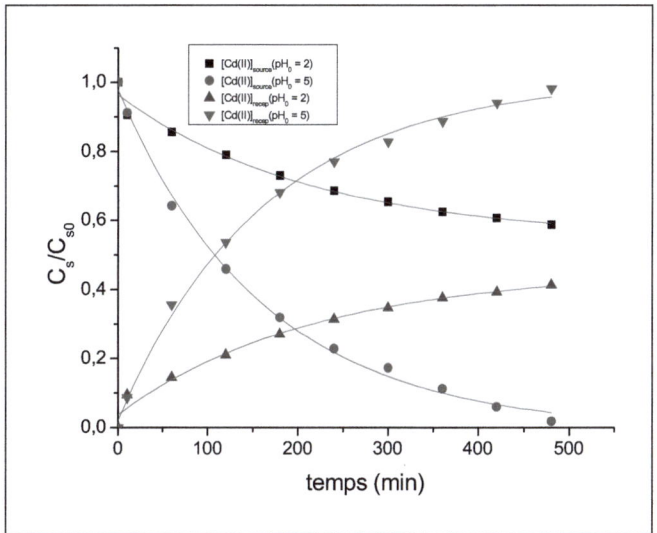

Figure III-3 : Variation de la concentration des ions Cd(II) dans les phases source et réceptrice en fonction du temps.
Phase source : solution de Cd(II) à 10 mg/L en milieu nitrate (0,1M);
Phase réceptrice : HNO$_3$ à pH 1;
Membrane : film de PP imprégné avec une solution de D2EHPA (40%) dans

Le tableau III-4 donne les valeurs des pH initiaux (pH$_i$) et finaux (pH$_f$) de la phase source, dans les deux cas. Nous remarquons que la chute du pH est de 3 unités dans le premier cas, alors qu'elle est de moins d'une unité dans le second cas. Ceci est le résultat de la quantité d'espèces métalliques transportées. À pH = 5,07 le taux d'extraction est plus de deux fois plus important qu'à pH = 2,32. Le pH élevé est plus favorable à la dissociation acide du D2EHPA.

Tableau III-4 : pH$_i$ et pH$_f$ de la solution aqueuse d'alimentation

pH$_i$ (t = o min)	5,07	2,32
pH$_f$ (t = 480 min)	2,90	1,50
ΔpH	3,07	0,82

La différence de pH entre les deux phases aqueuses détermine l'efficacité de transport dans ce cas. Djane et *col.* [178] affirment qu'une différence de deux unités de pH entre les deux phases est suffisante pour la réalisation d'une bonne extraction avec les extractants acides.

I-2-2-e. Etude de la stabilité de la MLS

Afin d'étudier la stabilité de la MLS, nous avons suivi l'extraction du cadmium (II) avec une même membrane que nous avons réutilisé pour plusieurs cycles d'extraction. Après 4 cycles d'utilisation, une perte de 10% du taux d'extraction a été enregistrée, cette dernière passe à 20% au bout du 5ème cycle d'utilisation.

Ce résultat confirme l'idée de perte de l'extractant par passage de la phase organique membranaire vers la phase aqueuse par un mécanisme de solubilisation ou d'emulsification [54].

I-3. Transport facilité des ions Cd(II) par MPI

I-3-1. Transport passif

La figure III-4 illustre la variation de la concentration des ions Cd(II) en fonction du temps. Nous remarquons que le transport des ions de Cd(II) est nul à travers une membrane ne contenant que le TAC et le 2-NPOE car sa concentration initiale dans la phase source (12 mg/L) est restée presque constante et d'une valeur nulle dans la phase réceptrice ; l'efficacité d'extraction est ici de 0 %.

Cela nous amène à dire que sans le transporteur, la membrane n'est d'aucun profit pour le transport des cations métalliques Cd(II).

87

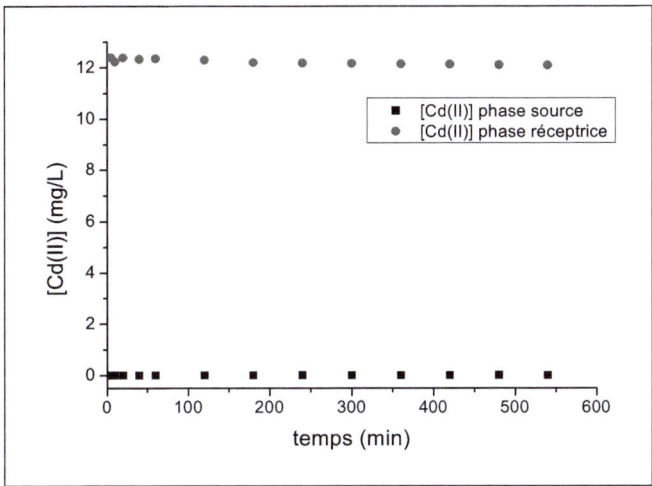

Figure III-4 : Variation de la concentration du cadmium (II) en fonction du temps (transport passif)
Phase Source : $[Cd^{2+}]$ = 12 mg/L, pH_0 = 4,5, **milieu nitrate:** 1M
Phase Réceptrice : $[HNO_3]$ = 0,1M
Membrane: [Transporteur] = 0 µmol/cm², **support :** TAC, **plastifiant :** 2-NPOE.

I-3-2. Transport facilité actif

Comme dans le cas des MLS, nous avons entrepris l'étude du transport actif en se focalisant sur l'effet de quelques paramètres susceptibles de l'affecter à savoir :

• la nature chimique du transporteur,

• la concentration en transporteur,

• la concentration du métal,

• la variation du pH,

et ce, pour les deux transporteurs de nature chimique différente, le D2EHPA transporteur acide et l'Aliquat 336 transporteur basique.

I-3-2-a. Effet de la composition de la membrane

L'étude du transport facilité du Cd(II) à travers les MPI contenant le transporteur (D2EHPA ou Aliquat 336) dissous dans le 2-NPOE a été effectuée avec les conditions opératoires d'extraction suivantes :

❖ Une vitesse d'agitation de 900 tr/ min.

❖ Les compositions des trois phases du système d'extraction sont comme suit :

➢ La phase source est une solution aqueuse de sel de Cd(II) à une concentration fixée, pour la détermination de la concentration optimale en transporteur et du pH optimal pour l'extraction, et variant de 10 à 60 mg/L pour l'étude de l'effet de la concentration en métal sur l'extraction.

➢ Les membranes (MPI) ont été préparées avec 200 mg de TAC et une solution de 0,3 ml de 2-NPOE contenant le transporteur à des concentrations variables.

➢ La phase réceptrice est une solution aqueuse de HNO_3 ou de $HClO_4$ à pH = 1 dans les cas d'implication des extractants D2EHPA et Aliquat 336 respectivement.

α/ Effet de la concentration du transporteur dans la membrane

Pour définir l'effet de la concentration du transporteur dans la membrane sur l'efficacité d'extraction des ions cadmium (II), des membranes ont été préparées avec des quantités de transporteur allant de 9% à 58% (m_t/m_m) (masse du transporteur/masse totale de la membrane). Les résultats obtenus sont présentés sur la figure III-5.

Notons d'abord, que les flux obtenus avec les deux transporteurs sont comparables. Leurs valeurs optimales sont de 2,58 $\mu mol.m^{-2}.s^{-1}$ avec le D2EHPA et de 2,25 $\mu mol.m^{-2}.s^{-1}$ avec l'Aliquat 336.

Ensuite, le taux maximal de transport est atteint pour une concentration optimale de 50% (m_t/m_m) en D2EHPA et pour seulement 34% (m_t/m_m) d'Aliquat 336. Au delà de cette concentration, une diminution sensible du flux a été enregistrée. Ceci est probablement du à une augmentation de viscosité dans la membrane, ce qui limite la diffusivité du complexe ion métallique-transporteur au sein de la membrane, (le coefficient de diffusion étant inversement proportionnel à la viscosité du milieu) [112]. La différence entre les quantités des deux transporteurs pour atteindre le même flux est éventuellement liée à la différence de capacité d'extraction de chacun d'eux.

Dans la suite de ce travail, les concentrations en D2EHPA et en Aliquat 336 sont maintenues à leurs valeurs optimales de 50% et 34% (m_t/m_m) respectivement, valeurs pour lesquelles les flux sont à leurs valeurs maximales.

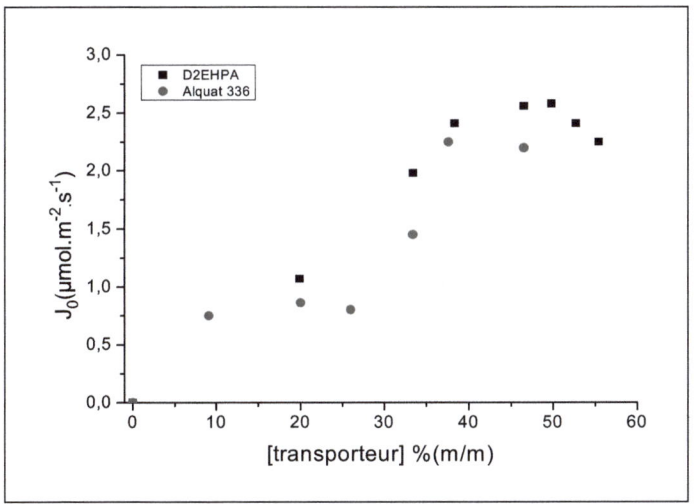

Figure III-5 : Variation des flux de transport du Cd(II) en fonction de la concentration en transporteur

Solution source: [Cd(II)] = 12 mg/L dans $NaNO_3$ 0,1M (D2EHPA) ou dans NaCl 0,5M (Aliquat 336)

Solution réceptrice: HNO_3 0,1M ou $HClO_4$ 0,1M pour les transporteurs D2EHPA et Aliquat, respectivement.

Membrane: TAC (200mg); 2-NPOE (312 mg) et des masses variables de transporteur.

β/ Profils des concentrations en fonction du temps

Les profils des concentrations sont présentés sur la figure III-6, pour une concentration de 30 mg/L en ions Cd(II) dans la phase source. Des efficacités d'extraction de 97,5% et 91,8% ont été mises en évidence avec les MPI contenant **(a)** le D2EHPA et **(b)** l'Aliquat 336 respectivement.

Lors de l'utilisation du D2EHPA comme transporteur, une petite quantité de cadmium reste dans la membrane comme le montre la figure III-6 (a), où la différence des flux d'entrée et de sortie de la membrane, c'est-à-dire la quantité retenue au cœur de la membrane au cours du transport figure en points rouges. Cette quantité augmente au début de l'opération d'extraction, pour atteindre une valeur maximale (environ 20%) après 2 heures de transport, puis diminue lentement par décharge des ions métalliques dans la phase réceptrice. Ce résultat est comparable à celui obtenu par Resina et *col.*[132] qui ont noté une rétention maximale de métal (16%) après 1 heure de transport et une décharge totale après 6 heures, lors de l'étude du transport des cations Cd(II), Zn(II) et Cu(II) avec des membrane hybrides à base de TAC-polysiloxanes contenant le D2EHPA comme transporteur.

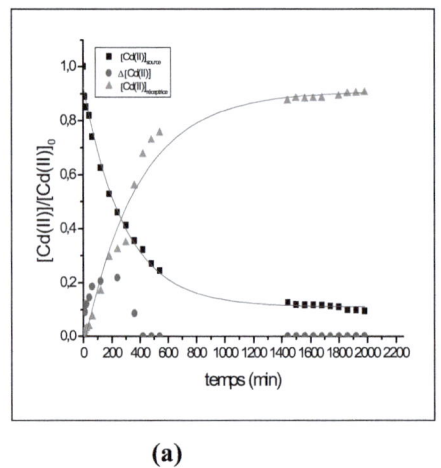 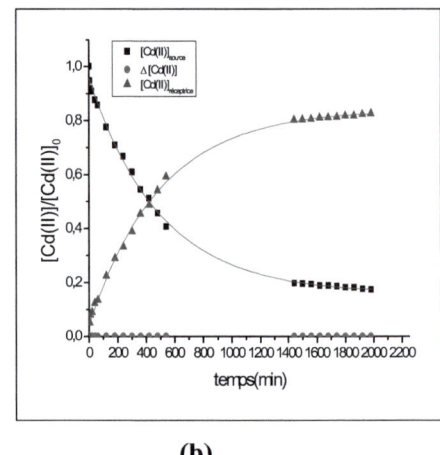

(a)   (b)

Figure III-6 : Profils des concentration du Cd(II) en fonction du temps
(a) D2EHPA (b) Aliquat 336.
Solution source : [Cd(II)] = 30 mg/L dans **(a)** NaNO$_3$ 0,1M ou **(b)** dans NaCl 0,5M.
Solution réceptrice: **(a)** HNO$_3$ 0,1M ou **(b)** HClO$_4$ 0,1M.
Membrane: TAC (200mg); 2-NPOE (312 mg) et **(a)** 50% (m$_t$/m$_m$) de D2EHPA ou
(b) 34% (m$_t$/m$_m$) d'Aliquat 336.

Au contraire, aucune rétention de métal dans la membrane n'a été enregistrée lors de l'utilisation de l'Aliquat 336 comme transporteur (figure III-6(b)). Ce résultat n'est pas en accord avec celui obtenu par Wang et Shen [149] qui ont constaté une rétention du Cd(II) dans la membrane lors de l'étude de son transport avec des MPI contenant le même extractant mais utilisant le PVC comme polymère de base.

I-3-2-b. Effet de la composition de la solution source

α/ Effet du pH

Le pH de la phase réceptrice est maintenu constant à pH = 1. Nous avons fait varier le pH de la phase source entre les valeurs 3,0 et 7,5. Comme le montre la figure III-7, le flux de transport du cadmium atteint sa valeur maximale pour des valeurs du pH de l'ordre de 4,5 et 7,5 pour les MPI contenant le D2EHPA et l'Aliquat 336 respectivement.

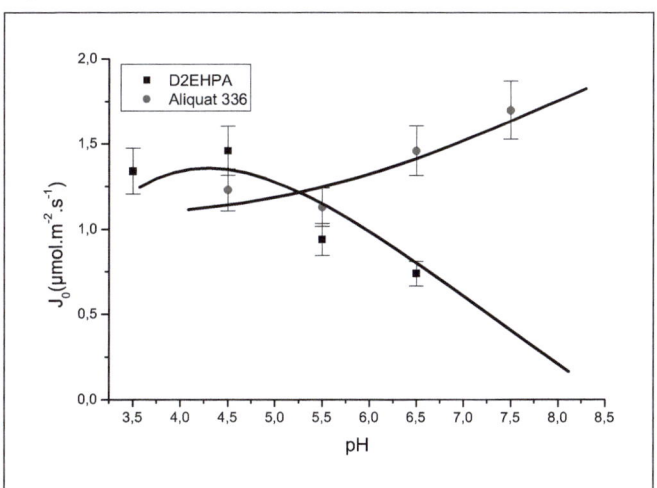

Figure III-7 : Variation du flux de transport du Cd (II) en fonction du pH pour les MPI en D2EHPA/CTA (■) et Aliquat 336/CTA (●).
Solution source: Cd(II) dans NaNO₃ 0,1M + HNO₃ (■) ou dans NaCl 0,5M (●).
Solution réceptrice: HNO₃ 0,1M (■) ou HClO₄ 0,1M (●).

Dans le cas du D2EHPA, quand le pH de la solution source augmente, le flux de transport diminue. Ce résultat est inattendu, car pour les extractants acides l'augmentation du pH de la phase source entraine habituellement un accroissement du flux de transport. Un résultat comparable a été obtenu par Mellah et Benachour [179] lors de l'étude de l'extraction liquide-liquide du Zn(II) et Cd(II) avec le même extractant et ils ont attribué cette variation à la formation d'hydroxydes du métal, qui sont moins extractibles avec le D2EHPA. Salaraz-Alvarez et *col.* [124] ont de leur côté attribué un résultat semblable à la formation d'émulsion qui dépend de la concentration de l'extractant et du pH de la solution.

Notre propre point de vue est quelque peu différent. Dans le cas étudié ce phénomène serait plutôt lié au mécanisme même d'association entre les cations métalliques et le D2EHPA (voir Eq.I). En effet ce mécanisme implique l'association des deux formes monomère (RH) et dimère $(RH)_2$ de l'extractant pour former le complexe $((MR_2(RH)_2)$. La forme $(RH)_2$ est prédominante dans l'intervalle de pH inférieur au pKa du D2EHPA, alors que la formation des espèces MR_2 (impliquant la forme HR dissociée en R^- et H^+) est prédominante dans l'intervalle de pH supérieur au pKa du ligand. Le pH de 4,5 semble donc idéal pour assurer le recouvrement partiel des deux intervalles qui serait favorable à la formation optimale des espèces $(MR_2)(RH)_2$ [180].

Par contre dans le cas du transport par les MPI contenant l'Aliquat 336, c'est à pH neutre que les flux les plus élevés sont obtenus. Ceci peut être expliqué dans ce cas par le fait que les protons (H^+) n'interviennent pas dans ce cas dans le mécanisme d'association espèce métallique-Aliquat 336 (voir Eqs. II et III).

β/ Effet de la concentration de Cd(II)

La figure III-8 montre l'effet de la concentration initiale en Cd(II) dans la solution d'alimentation sur le flux de perméation, les concentrations du D2EHPA et d'Aliquat 336 dans les MPI utilisées étant respectivement de 53% (m_t/m_m) et 34% (m_t/m_m). Les MPI n'ayant pas les mêmes épaisseurs et les mêmes concentrations de transporteurs que les MLS, les flux ont été normalisés par rapport au nombre de mole et à l'épaisseur de la membrane.

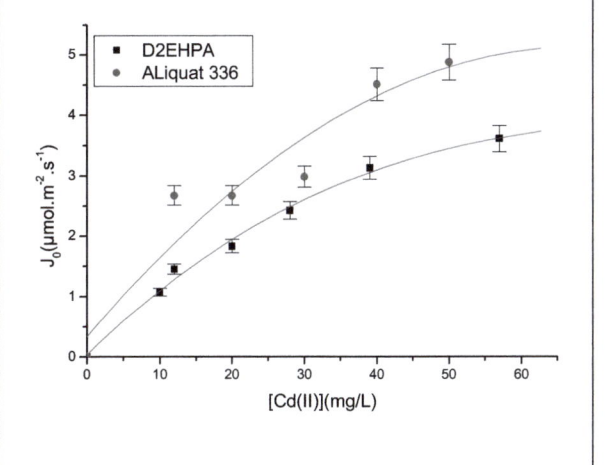

Figure III-8 : Variation du flux de transport de Cd(II) en fonction de la concentration initiale du Cd(II) dans la solution source avec les MPI : D2EHPA (■) et Aliquat 336/TAC (●).
Solution source: Cd(II) dans NaNO$_3$ 0,1M (■) ou dans NaCl 0,5M (●).
Solution réceptrice: HNO$_3$ 0,1M (■) ou HClO$_4$ 0,1M (●).

Le flux de transport augmente avec l'accroissement de la concentration du Cd(II) pour les deux transporteurs. Aux concentrations élevées (> 40 mg/L) le flux tendent vers une valeur limite (début d'apparition d'un palier), ce qui est du à la saturation graduelle de l'interface membrane-phase source par les espèces de complexes formées, c'est-à-dire une limite cinétique qui détermine la valeur maximale du flux de cadmium. Cette explication a été aussi donnée par Kusumocahyo et *col.* [112] qui ont enregistré la même tendance lors de l'étude du transport du Ce(III) par MPI contenant le TODGA comme transporteur.

I-3-2-c. Etude de la sélectivité du transport
α/ Cas du transport individuel des cations métalliques

Dans les conditions déterminées au cours des expériences présentées ci-dessus considérées comme optimales pour le transport des ions Cd(II) et en vue de connaître la sélectivité des systèmes, nous avons étudié le transport individuel de deux autres cations métalliques qui sont le Zn(II) et le Pb(II). Les résultats de cette étude sont consignés dans le tableau III-5.

Notons que les efficacités de transport des trois cations sont comparables avec les MPI contenant le D2EHPA, une certaine différence est remarquée en faveur des cations Cd(II) et Pb(II) par rapport au Zn(II) dans le cas de MPI contenant l'Aliquat 336.

Tableau III-5 : Efficacité du transport (E%) et Flux initial (J_0) de M(II) (Cd(II) ou Pb(II) ou Zn(II)) transporté individuellement avec des MPIs contenant le D2EHPA ou Aliquat 336 .
Solution source : M(II) dans NaNO$_3$ 0,1M (D2EHPA) ou dans NaCl 0,5M (Aliquat 336)
Solution réceptrice: HNO$_3$ 0,1M (D2EHPA) ou HClO$_4$ 0,1M (Aliquat 336)

Espèce métallique	Efficacité du transport (E%)		J_0 (μmol.m^2.s^{-1})	
	D2EHPA	Aliquat 336	D2EHPA	Aliquat 336
Cd(II)	97,65	95,84	1,45	1,54
Pb(II)	96,88	92,79	1,08	1,10
Zn(II)	98,01	81,96	0,94	0,55

β/ Cas du transport compétitif des cations métalliques (en mélange)

La sélectivité est toujours recherchée dans l'application de toute technique de séparation. Pour cela nous avons voulu examiner la possibilité d'application de ces transporteurs à une éventuelle séparation des cations Cd(II), Pb(II) et Zn(II) se trouvant dans un mélange contenant les mêmes quantités (12 mg/L pour chacun) de ces trois espèces avec les MPI contenant les deux extractants étudiés. La sélectivité de ces membranes a été caractérisée par la détermination du coefficient de sélectivité, S, défini comme le rapport entre le flux initial de Cd(II) et ceux des ions compétitifs (Pb(II) et Zn(II)). Les résultats rassemblés dans le tableau III-6 montrent que le D2EHPA extrait tous les cations se trouvant dans le mélange sans distinction notable entre les trois espèces. Cependant, à l'inverse L'Aliquat 336 semble nettement plus sélectif pour le transport des cations Cd(II) et Pb(II) en comparaison de ce qui est obtenu pour le cation Zn(II). Kozlowska et *col.* [181] ont

obtenu des coefficients de sélectivité $S_{J0(Cd)/J0(Zn)} = 0,063$ et $S_{J0(Cd)/J0(Pb)} = 0,11$ lors

de l'étude de l'extraction sélective d'un mélange des 3 espèces Cd(II), Zn(II) et

Pb(II) par des MPI contenant le transporteur D2EHPA. Cette différence par rapport

aux résultats présentés dans notre étude est probablement due à la différence de

composition de la membrane utilisée.

Tableau III-6 : Efficacité du transport (E%), Flux initial (J_0) des cations et coefficients de sélectivité en transport compétitif avec les MPI contenant le D2EHPA ou l'Aliquat 336.
Phase source: M(II) dans NaNO$_3$ 0,1M (D2EHPA) ou dans NaCl 0,5M (Aliquat 336)
Phase réceptrice : HNO$_3$ 0,1M (D2EHPA) ou HClO$_4$ 0,1M (Aliquat 336)

Espèce métallique	Efficacité du transport (E%)		J_0 ($\mu mol.m^2.s^{-1}$)		$S=J_0(Cd)/J_0(M)$	
	D2EHPA	Aliquat 336	D2EHPA	Aliquat 336	D2EHPA	Aliquat 336
Cd(II)	86,56	85,99	1,26	1,31		
Pb(II)	84,77	89,4	1,34	1,19	0,94	1,10
Zn(II)	91,02	56,34	1,27	0,58	0,99	1,72

I-3-2-d. Etude de la stabilité des MPI

Le plus grand avantage qu'offrent les MPI comparées aux autres membranes

liquides d'affinité est leur stabilité dans le temps. Ici, nous présentons (figure III-9)

les résultats d'expériences où nous avons réutilisé douze fois une MPI (12 cycles

de transport des ions Cd(II) dans les conditions opératoires déjà optimisées).

Durant toute la durée de ces expériences la membrane n'a pas été remplacée et les

solutions aqueuses ont été renouvelées à chaque cycle. Les flux ont été déterminés

à l'issue de phases de transport de 8 heures répétées toutes les 24 heures.

Au vu des résultats d'expérience nous pouvons dire que le flux de transport ne

varie presque pas et que la membrane est restée intacte sans aucune modification morphologique. Ce résultat est en bon accord avec ceux présentés dans d'autres travaux [108, 109, 133, 137].

Ces résultats prouvent sans ambiguïté que ces MPI sont stables à long terme (stockage pendant plusieurs mois) et ont une bonne longévité dans les opérations de transport répétées (12 cycles d'utilisation sans diminution du flux).

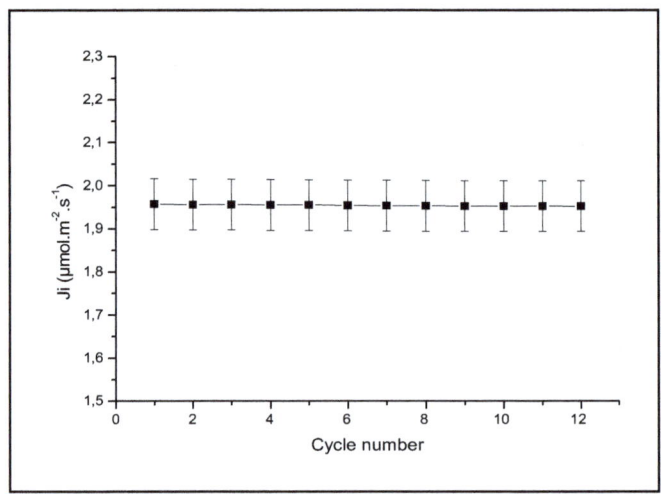

Figure III-9 : Variation du flux Initial de transport du Cd (II) en fonction du nombre de cycles d'utilisation.
Solution source: Cd(II) à 12 mg/L dans $NaNO_3$ 0,1M.
Solution réceptrice: HNO_3 0,1M.
Les flux ont été calculés pour des cycles de 8 heures de fonctionnement répétés toutes les 24 heures

I-4. Analyse des mécanismes d'extraction L-S du Cd(II) par MPI contenant l'Aliquat 336

Le phénomène de spéciation, est basé sur le fait que le soluté à extraire existe sous plusieurs formes ioniques dans la solution qui dépendent du milieu dans lequel on travaille.

Il y aura donc dans des conditions physico-chimiques données une prédominance pour l'une ou l'autre des formes ioniques probables. Exemple : le métal Cd en milieu chlorure peut se trouver essentiellement sous forme de deux anions qui sont : $CdCl_3^{-}$ ou $CdCl_4^{2-}$.

97

Cette étude va nous permettre de savoir quel anion est extrait par la membrane. La spéciation est obtenue par le tracé de la courbe : log D (voir détails sur le calcul en page 75) en fonction de log de la concentration de l'extractant dans la membrane (figure III-10).

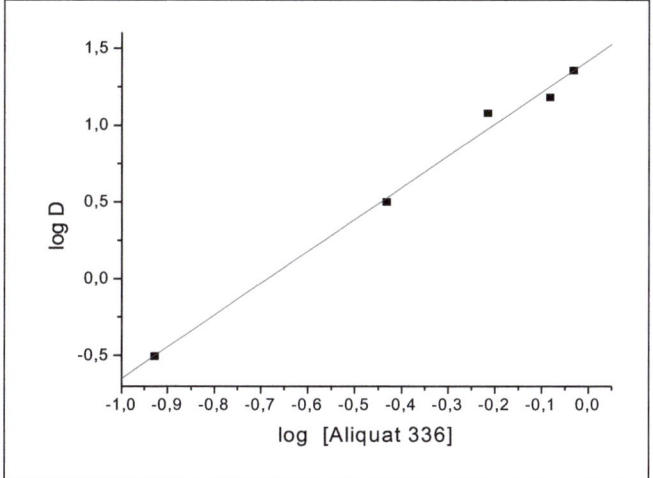

Figure III-10 : Tracé de log D en fonction de log [Aliquat 336].
Solution aqueuse : 12 mg/L de Cd(II) dans une solution de 0,5 M en NaCl.
Membrane : 200 mg de TAC + 312 mg de 2-NPOE + quantité variable de l'Aliquat 336.

La courbe ainsi obtenue est une droite d'une pente égale à 2,072. Cela implique qu'un ion métallique est associé sous la forme de complexe à deux entités de l'extractant. Le mécanisme réactionnel qui régit l'extraction peut donc être écrit comme suit :

$$(Cd^{2+}, 2Cl^{-})_{aq} + 2Cl^{-}_{aq} \leftrightarrow [CdCl_4]^{2-}_{aq}$$

$$CdCl_4^{2-}_{aq} + 2\,(CH_3R_3N^+Cl^-)_{org} \leftrightarrow [(CH_3R_3N^+)_2\,CdCl_4^{2-}]_{org} + 2Cl^-_{aq}$$

Nous pouvons donc dire que les ions Cd(II) sont extraits sous la forme $CdCl_4^{2-}$ dans ces conditions, et non pas sous la forme $CdCl_3^-$ comme l'avaient proposé certains auteurs [151].Notre résultat est semblable à celui trouvé par Wassink et *col.* [182] lors de l'étude de l'extraction liquide-liquide du Cd(II) par l'Aliquat 336.

I-5. Conclusion

Au cours de cette première partie du travail, nous avons élaboré d'un côté des membranes polymères à inclusion à base de triacétate de cellulose (TAC) et de 2-nitrophenyloctyl éther (2-NPOE) comme plastifiant avec deux transporteurs le D2EHPA et l'Aliquat 336 et de l'autre côté des membranes liquides supportées à base de polypropylène (PP) imprégnées par une solution de chloroforme contenant le D2EHPA comme transporteur. Nous avons entrepris une étude détaillée du transport des ions cadmium en solutions aqueuses par ces membranes, moyennant une optimisation préalable de certains paramètres qui peuvent l'affecter.

Les résultats obtenus avec les MLS nous ont conduits à tirer les conclusions suivantes :

➢ La concentration optimale de D2EHPA, pour l'extraction des ions Cd(II) à une concentration de 10 mg/L en solution aqueuse, est de l'ordre de 728 μmol/cm^2 (40% (V/V)).

➢ La nature du solvant utilisé pour imprégner la membrane n'a pas d'effet sur l'efficacité de l'extraction.

➢ Une valeur de pH de l'ordre de 5 est idéale pour le transport, le taux d'extraction atteint 98% dans ces conditions, avec un flux de transport d'environ 2 μmol.m^{-2}.s^{-1}.

➢ La membrane peut être réutilisée pour 3 cycles d'extraction tout en conservant un flux assez stable, mais au bout du 4ème cycle 10% d'efficacité sont perdus.

Les résultats obtenus avec les MPI nous ont menés à tirer les conclusions suivantes :

➢ L'extraction des ions cadmium(II) dépend de la nature du transporteur utilisé pour les mêmes quantités de plastifiant et de support polymère, qui sont respectivement 312 mg et 200 mg.

> Les valeurs des concentrations optimales des transporteurs D2EHPA et l'Aliquat 336 sont respectivement 27,9 et 10 µmol/cm² (54% et 34%(m_t/m_m))

> L'efficacité d'extraction de ces membranes est de 97,65 et 95,84 % (à pH de la phase source de 4,5 et 7 pour le D2EHPA et l'Aliquat 336 respectivement), la concentration en Cd(II) étant de 12 mg/L.

> Les flux de transport obtenus avec les deux transporteurs sont comparables. Leurs valeurs optimales sont de 2,58 $\mu mol.m^{-2}.s^{-1}$ avec le D2EHPA et de 2,25 $\mu mol.m^{-2}.s^{-1}$ avec l'Aliquat 336.

> Les MPI sont stables à long terme (stockage pendant plusieurs mois) et ont une bonne longévité dans les opérations de transport répétées (12 cycles d'utilisation sans diminution du flux).

> L'Aliquat 336 présente l'avantage de :

- donner une même efficacité de transport pour une quantité d'extractant beaucoup moins importante que celle du D2EHPA (un gain d'environ 20% en masse est obtenu).

- présenter une certaine sélectivité pour les ions Cd(II) et Pb(II) par rapport aux ions Zn(II), qui pourrait éventuellement être exploitée pour des opérations de séparation.

- ne présenter aucun effet d'accumulation dans la membrane, les membranes restant intactes après usage peuvent donc servir pour d'autres utilisations.

> La vitesse du transport des ions métalliques est du premier ordre dans l'intervalle de temps [0-480 min].

> Une stabilité minimale de 3 mois de stockage à l'air a été constatée dans les cas des membranes élaborées

> L'étude de l'extraction liquide-solide a confirmé que le Cd(II) est majoritairement extrait sous la forme de $CdCl_4^{2-}$.

La comparaison des résultats obtenus pour le transport facilité des ions Cd(II) avec les MLS et les MPI contenant le même transporteur acide (D2EHPA) a montré que des flux de transport comparables sont atteints (2,27 $\mu mol.m^{-2}.s^{-1}$ et

2,58 $\mu mol.m^{-2}.s^{-1}$ pour la MLS et la MPI respectivement) mais la quantité de D2EHPA doit alors être 26 fois supérieure dans le cas de la MLS.

Tout cela nous amène à dire que l'utilisation des MPI est beaucoup plus avantageuse que celle des MLS, tant sur le plan de l'économie des réactifs, que sur le plan du gain en stabilité de la membrane et donc qu'elles offriraient beaucoup plus de perspectives d'exploitation à l'échelle industrielle que les MLS, qui de fait n'en ont eu que très peu jusqu'ici.

II- EXTRACTION LIQUIDE-SOLIDE ET DU TRANSPORT FACILITÉ DES IONS Cr(VI)

II-1. Extraction liquide-solide du Cr(VI) par MPI

L'extraction liquide-solide a été effectuée en vue d'obtenir des informations concernant la stœchiométrie du complexe formé (Cr(VI)-Aliquat 336) dans la matrice membranaire. La distribution du chrome(VI) entre une phase aqueuse (contenant le Cr(VI) à une concentration initiale de 12 mg L^{-1}) et une phase membranaire (MPI) avec des compositions polymère-Aliquat variables, a été déterminée. La membrane et la solution aqueuse ont été agitées énergiquement pendant 2 heures (temps déterminé préalablement comme étant suffisant pour atteindre les conditions d'équilibre). Le coefficient de distribution entre la membrane et la phase aqueuse est calculé selon la relation suivante, donnée par Rodrıguez et *col.*[122] .

$$D = \frac{\overline{[Cr(VI)]}}{[Cr(VI)]} = \frac{(C_0 - C_f)}{C_f} \frac{V_{aq}}{M} \tag{8}$$

Où C_0 est la concentration initiale du chrome dans la phase aqueuse, C_f est sa concentration à l'équilibre dans la même phase, V_{aq} est le volume de la phase aqueuse, M est la masse de la membrane, et la barre indique l'espèce dans la phase solide.

L'extraction du Chrome(VI) par l'Aliquat 336 est accomplie par formation de paires d'ions selon le schéma réactionnel suivant :

$$H_iCrO_4^{n-} + n\ R_3(CH_3)N^+Cl^- \leftrightarrow (R_3(CH_3)N^+)_n\ H_iCrO_4^{n-} + nCl^- \tag{IV}$$

où $R_3(CH_3)N^+Cl^-$ est l'Aliquat 336 et la barre indique les espèces dans la phase organique.

La constante de l'équilibre d'extraction de l'équation (9) est définie par :

102

$$K_{ext} = \frac{[(R_3(CH_3)N^+)_n \, H_i CrO_4^{n-}][Cl^-]^n}{[\overline{HiCrO_4^{n-}}] \, [\overline{R_3(CH_3)N^+Cl^-}]^n} = \frac{[\overline{Cr(VI)}] \, [Cl^-]^n}{[Cr(VI)] \, [\overline{R_3(CH_3)N^+Cl^-}]^n} \quad (9)$$

L'équation du bilan massique de l'Aliquat 336 est donnée par l'expression suivante:

$$[\overline{R_3(CH_3)N^+Cl^-}] = [R_3(CH_3)N^+Cl^-] + n[\overline{Cr(VI)}] \quad (10)$$

Si on considère que la concentration du Cr(VI) complexé par l'Aliquat 336 se trouvant dans la membrane est négligeable devant celle de l'Aliquat 336 libre, par combinaison des équations 8, 9 et 10 on obtient la relation suivante :

$$\log D = \log K_{ext} + \; + n \log [\overline{R_3(CH_3)N^+Cl^-}] - n \log [Cl^-] \quad (11)$$

Les résultats obtenus de l'extraction liquide-solide (figure III-12) décrivent une droite (log D = f(log [Aliquat 336])) de pente n égale à 2.07. Ceci indique que la réaction de complexation donnant lieu à l'extraction du Cr(VI) implique une association de deux molécules d'Aliquat 336 avec une espèce en Cr(VI). Les entités extraites sont donc les ions $Cr_2O_7^{2-}$, qui sont formées par dimérisation des espèces $HCrO_4^-$ et qui sont largement prédominants dans ces conditions opératoires [183].

Le mécanisme de complexation dans ce cas est donné par l'équation-bilan suivante:

$$2 \, R_3(CH_3)N^+X^- + Cr_2O_7^{2-} \leftrightarrow (R_3(CH_3)N^+)_2 \, Cr_2O_7^{2-} + 2X^- \quad (V)$$

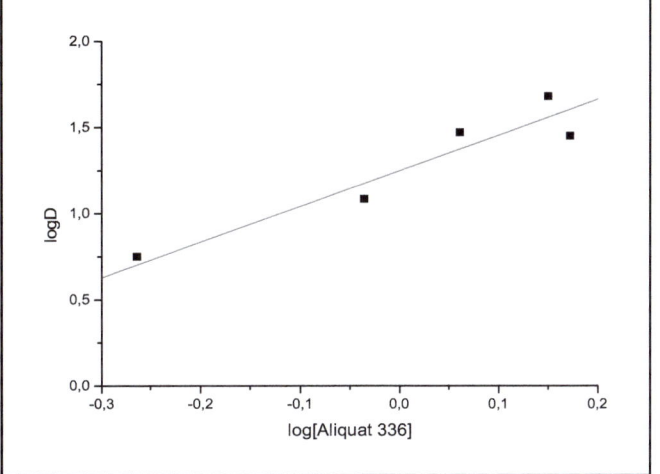

Figure III-12 : **Variation du coefficient de distribution du Cr(VI) en fonction
de la concentration de l'Aliquat 336 (extraction L-S).**
Solution aqueuse: [Cr(VI)] = 12 mg/L dans H_2SO_4 (pH = 1,2)
Membrane: 200 mg PVC + 0,08 ml de 2-NPOE + quantités variables de l'Aliquat 336

II-2. Transport du Cr(VI) par membranes polymères à inclusion

II-2-1. Effet de la composition de la membrane

Notons d'abord que dans la plupart des travaux de recherche publiés, les chercheurs optent, soit pour l'utilisation du TAC, soit pour celle du PVC, sans accorder trop d'importance à la comparaison des deux, ni à la comparaison entre polymères de même nature mais de poids moléculaire différent. Pour cela et afin d'obtenir les meilleures performances possibles de ces membranes, nous avons étudié l'effet de la nature du polymère de base sur l'efficacité du transport. Deux types de polymères de nature chimique différente : le chlorure de poly vinyle (PVC) et le triacetate de cellulose (TAC) ont été utilisés pour l'élaboration des MPI contenant l'Aliquat 336 comme transporteur. Dans le cas du PVC, trois polymères de poids moléculaire différent PVC1 (PM: 43 000 g mol^{-1}), PVC$_2$ (PM: 80 000 g mol^{-1}) et PVC3 (PM: 233 000 g mol^{-1}) ont été étudiés.

II-2-1-a. Effet de la nature du polymère de base

Nous avons réalisé des expériences en faisant varier la concentration en Aliquat336 de 0,69 µmole/cm^2 à 11,70 µmole/cm^2 (la concentration du transporteur est exprimée en nombre de mole par unité de surface de la membrane élaborée).

Les compositions des phases source et réceptrice sont fixées comme suit :

Compartiment Source : [Cr(VI)]=12 ppm ; pH=1,2 ; Milieu sulfurique

Compartiment récepteur : [NaOH]=0,1M.

Les figures III-13 (a à d) montrent l'évolution du taux de Cr(VI) transporté en fonction de la concentration de l'Aliquat 336 par les MPI élaborées avec les quatre polymères examinés.

Nous remarquons que pour les trois PVC le transport reste pratiquement nul pour des concentrations en transporteur allant jusqu'à 1,38 µmole/cm^2. À la concentration de 3,44 µmole/cm^2, des taux d'extraction allant jusqu'à 39% ont été enregistrés et une valeur de concentration optimale de l'ordre de à 5,5 µmole/cm^2 a été décelée. Au delà de cette quantité, deux comportements différents sont observés. Il s'agit d'une part d'une diminution du taux de Cr(VI) transporté dans le cas des PVC2 et PVC3 et d'autre part d'une stabilisation de ce taux dans le cas du PVC1.

Ceci, peut être expliqué par le fait que l'augmentation de la quantité du transporteur favorise le transport, car la somme des complexes formés est plus importante et donc un plus grand nombre d'ions sont véhiculés de la phase source vers la phase réceptrice. Au delà de la concentration de 5,5µmole/cm^2 la diminution de l'efficacité peut être attribuée à l'augmentation de la viscosité de la membrane, ce qui induit un frein diffusif au transport [112]. Cependant dans le cas du PVC1, il est peu probable que la viscosité interne des membranes ait atteint dans ce cas le seuil qui engendrerait le phénomène de frein au transport, observé dans les deux autres cas.

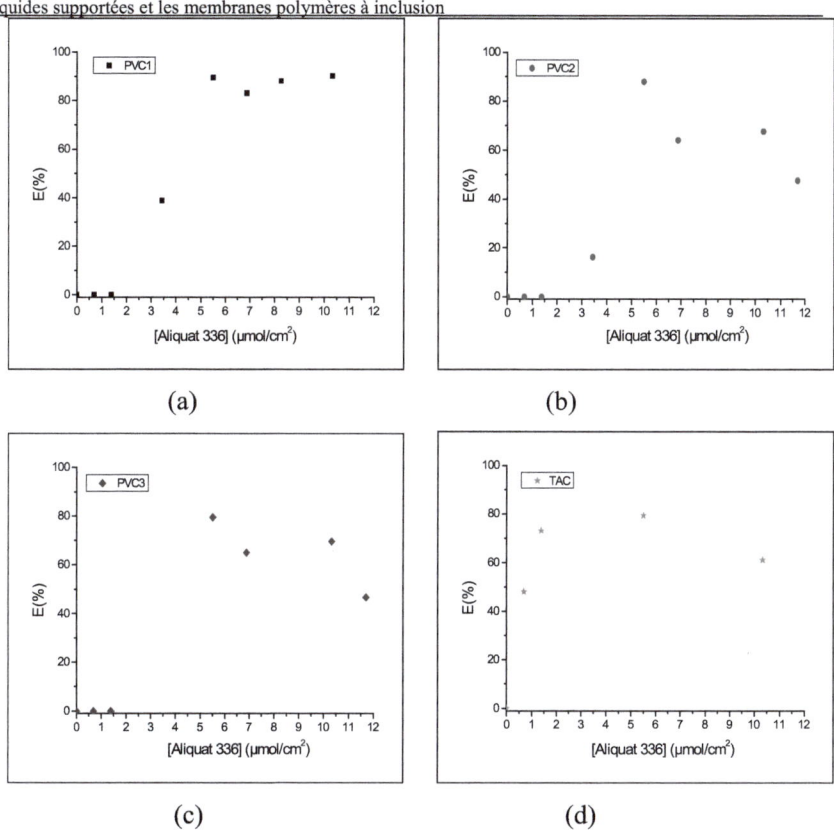

Figure III-13 : Effet de la concentration d'Aliquat336 sur l'efficacité d'extraction du Cr(VI)

Figure III-13 : Effet de la concentration d'Aliquat336 sur l'efficacité d'extraction du Cr(VI)
Solution source : $[Cr(VI)]$=12 mg/L; H_2SO_4 à pH=1,2
Solution réceptrice : $[NaOH]$=0,1M.
Membrane : (a) PVC1, (b) PVC2, (c) PVC3, (d) TAC+ Aliquat 336

Avec les MPI élaborées à base de TAC, une efficacité d'extraction de 48 % a été déjà enregistrée avec une concentration de 0,69 μmole/cm^2 en Aliquat 336 dans la membrane et 73% sont atteints avec 1,38 μmole/cm^2, alors que ces quantités n'ont donné aucune extraction avec les différentes MPI à base de PVC. Néanmoins, la valeur optimale de 5,5 μmole/cm^2 définie ci-dessus est la même pour les membranes à base de TAC. Une diminution de l'efficacité a été enregistrée au delà de cette concentration. Ce comportement est comparable à celui remarqué avec les PVC2 et PVC3.

Le poids moléculaire est probablement responsable de ce comportement, sachant que le poids moléculaire (PM) du TAC est de 74 000 g.mol^{-1}, c'est-à-dire proche de celui du PVC2. Pour ce qui est du PVC1, le faible PM relatif à l'existence de chaînes polymères plus courtes, implique que la viscosité de la membrane est plus faible.

<u>II-2-1-b. Comparaison entres les différents polymères étudiés</u>

La figure III-14 représente le taux de Cr(VI) transporté par des MPI à base de PVC et de TAC avec l'extractant Aliquat 336 à la concentration optimale de 5,50 μmol cm^{-2} dans les membranes.

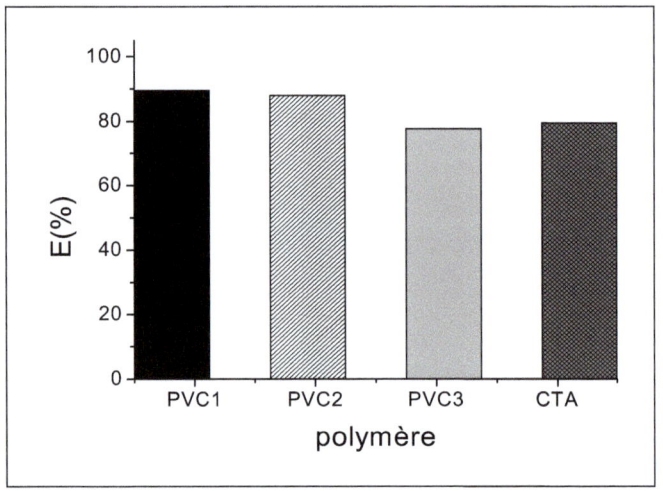

Figure III-14 : Taux de Cr(VI) transporté par les MPI en fonction de la nature du polymère (PVC avec des poids moléculaires variables ou TAC) contenant l'Aliquat 336 à la concentration de 5,5 μmol cm^{-2}
Phase source: [Cr(VI)]=12 mg L^{-1} dissous dans H$_2$SO$_4$ à pH = 1,2
Phase réceptrice: [NaOH] = 0,1M.

Tous les polymères expérimentés avec les MPI à base de PVC1, PVC2, PVC3 et TAC ont montré une efficacité d'extraction du Cr(VI) élevée: 89.5%, 87.9%, 77.6% et 79.4% respectivement, avec un taux d'extraction optimale dans le cas de la MPI à base du PVC1 de plus courte chaîne polymère (PM = 43000 g mol^{-1}). Pour les différents poids moléculaires en PVC, on remarque que le rendement d'extraction diminue, en passant du polymère de poids moléculaire faible au polymère de poids moléculaire élevé. Cela est dû à l'augmentation de la densité du polymère qui engendre une augmentation de la viscosité de ce dernier et cela conduit à un effet de frein au du transport.

Mais du coté tenue mécanique, nous avons constaté que les MPI à base de PVC2 et PVC3 sont plus souples et moins cassantes que celles obtenues avec le PVC1, ce qui est assez classique dans le domaine de la plasticité des polymères.

En effet, il est connu que les polymères de longue chaîne (poids moléculaire élevé) présentent une meilleure élasticité et une bonne tenue mécanique.

Dans la suite de cette étude, nous allons au vu de ces résultats préliminaires nous limiter à l'utilisation des MPI à base de PVC2 (PM = 80 000 g/mol) et de TAC.

II-2-1-c. Effet de la concentration du transporteur

Des membranes avec des quantités d'Aliquat 336 variant entre 0,35 $\mu mol.cm^{-2}$ et 11,8 $\mu mol.cm^{-2}$ ont été préparées avec le PVC2 et le TAC comme polymères de base. La figure II.15 montre les variations de perméabilité du Cr(VI) en fonction de la concentration en Aliquat 336. Un accroissement de la perméabilité avec l'augmentation de la concentration en transporteur est observé jusqu'à une valeur optimale de 5,5 $\mu mol.cm^{-2}$ (P = 1,38 $10^{-5}m.s^{-1}$ et P = 1,18 $10^{-5}m.s^{-1}$ avec les MPI à base de PVC2 et de TAC respectivement), valeur au-delà de laquelle la perméabilité diminue. Ceci est probablement dû à une augmentation de la viscosité dans la membrane qui limite la diffusivité du complexe ion-transporteur au sein de la membrane.

Il est à noter que le calcul des perméabilités relatives aux phases source (P_f) et réceptrice (P_S) a montré une divergence de plus en plus importante entre les deux valeurs quand la concentration en extractant augmente. Cela indique que la rétention des ions métalliques dans la membrane augmente avec l'augmentation de la concentration de l'Aliquat 336 pour les deux MPI à base de PVC2 et de TAC.

Ceci peut être expliqué par l'augmentation de la quantité de complexes : ion métallique- transporteur, formés qui peuvent engendrer un freinage du transport au cœur de la membrane régi par l'étape de diffusion du complexe. Ce résultat est comparable à celui obtenu par Djane et *col.* [98] qui ont étudié l'extraction du Cr(VI) par MLS contenant l'Aliquat 336 comme transporteur.

Nous avons aussi constaté au cours de ces expériences de transport du Cr(VI) que les membranes deviennent colorées (orange-brun) après utilisation, ce fait étant beaucoup plus marqué dans le cas de MPI à base de PVC. Cet effet est le résultat de la saturation de la membrane avec les espèces complexes Cr(VI)- Aliquat 336 qui ne sont pas dissociées à l'interface membrane-phase réceptrice. Kolev et *col.* [113] ont eux aussi observé que les MPI utilisées pour l'étude du transport facilité du palladium (II), en utilisant l'Aliquat 336 comme transporteur et le PVC comme polymère de base, deviennent souillées.

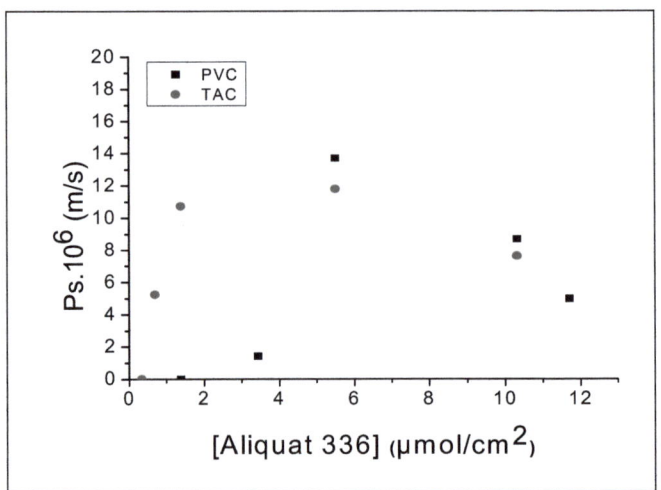

Figure III-15 : Variation de la perméabilité du Cr(VI) en fonction de la quantité d'Aliquat 336 contenue dans les MPIs en PVC(■) ou en (●)TAC
Solution source: [Cr(VI)]=12 mg.L^{-1} dans H$_2$SO$_4$ (en solution aqueuse) à pH = 1,2
Solution réceptrice: [NaOH] = 0,1M.

II-2-1-d. Effet du plastifiant

α/ Effet de la quantité de plastifiant

Les plastifiants sont des additifs qui augmentent la plasticité ou la fluidité des matériaux polymères auxquels ils sont ajoutés. Afin de définir l'effet de la quantité de plastifiant contenue dans la MPI sur le transport facilité des ions Cr(VI), des membranes ont été préparées avec des quantités variables du 2-NPOE pour une même masse de TAC (200mg) et une même quantité d'Aliquat 336 (265 mg, correspondant à la concentration optimale = 5,5 $\mu mol.cm^{-2}$). Les valeurs des perméabilités obtenues qui sont consignées dans le tableau III-8 ont été normalisées par rapport à l'épaisseur de la membrane pour être comparées. Nous constatons que la perméabilité augmente jusqu'à une valeur maximale située dans l'intervalle 31- 40% (m_p/m_m) en plastifiant. Pour des quantités plus élevées, la perméabilité diminue. Cette amélioration du flux entre les deux premières teneurs en NPOE est probablement le résultat de la formation d'un meilleur cœur membranaire de nature MLS et ensuite (troisième teneur) cet état ne progresse pas dans le sens d'un mieux.

On peut donc dire qu'un excès de plastifiant affaiblit relativement le transport. Par contre, une faible concentration en plastifiant est inadéquate, car la membrane peut devenir trop rigide et cassante.

Notons que cette étude n'a concerné que les MPI à base de TAC, car celles à base de PVC n'ont pu être mises en œuvre qu'avec une faible quantité de plastifiant qui a été maintenue à 83,2 mg par membrane ; au-delà, les MPI obtenues sont trop molles et difficiles à manipuler.

Gyves et *col.* [125] ont obtenu une variation similaire de perméabilité de transport du Cu(II) à travers des MPI contenant le Lix 84-I comme transporteur. Ils ont attribué ces variations à deux facteurs. L'augmentation de la concentration en plastifiant dans la membranes conduit en premier lieu à l'augmentation de la perméabilité par effet de plastification qui rend la membrane meilleur milieu pour les mouvements du plastifiant et du transporteur. La diminution de la perméabilité par addition supplémentaire du plastifiant a été reliée à l'augmentation de la viscosité qui s'oppose à la plastification convenable pour la diffusion du transporteur entre les chaînes du polymère. Nghiem et *col.* [106] ont donné une autre explication à ce phénomène : l'excès de plastifiant peut migrer vers l'interface entre la membrane et la solution aqueuse et peut ainsi former un film liquide à la surface de la membrane, ce qui créera une barrière additionnelle pour le transport des ions métalliques à travers la membrane. Kozlowski et Walkowiak [184] ont obtenu une extraction optimale du Cr(VI) par MPI contenant le TOA comme transporteur pour un taux de plastifiant (2-NPPE) de 36%. Kusumocahyo et *col.* [112] ont constaté que l'augmentation de la quantité du 2-NPOE dans la MPI engendre une augmentation du flux jusqu'à ce que le rapport de masse du plastifiant au polymère de base (TAC) ait atteint 3, au delà la variation devient insignifiante.

Tableau III-8 : Effet de la quantité de plastifiant sur la perméabilité de la MPI
Solution source: [Cr(VI)] = 12 mg L^{-1} dans une solution aqueuse de H_2SO_4 à pH = 1,2
Solution réceptrice: NaOH à pH = 12
Membrane : 200 mg TAC + 265 mg d'Aliquat 336 + m_{NPOE}

m_{NPOE} (mg)	Quantité de 2-NPOE (%) (m_p/m_m)	Épaisseur de la membrane (µm)	$P_r.10^6$ (m.s^{-1})	$PP_r.10^6$ (normalisée) (m.s^{-1})
104	18,3	80	5,59	5,59
208	30,9	86	7,45	8,01
312	40,2	95	6,71	7,96
416	47,2	101	4,38	5,52

β/ Effet de la nature chimique du plastifiant

L'effet de la nature chimique du plastifiant sur le transport du Cr(VI) a été examiné par l'expérimentation de trois plastifiants de viscosité et de constante diélectrique différente (les valeurs sont données dans le tableau III-9). Les expériences ont été réalisées avec une solution aqueuse d'alimentation contenant 12 mg. L^{-1} de Cr(VI) à pH = 1,2 (le pH est ajusté par addition d'une solution de

H_2SO_4). Les valeurs des perméabilités P de transport obtenues sont données dans le tableau III-9.

Les résultats indiquent que l'efficacité du plastifiant est basée sur un compromis entre sa viscosité (η) et sa constante diélectrique (ε). Ce dernier paramètre influence les mécanismes d'association et de dissociation des ions métalliques avec le transporteur et donc leur libération à l'interface membrane-phase réceptrice. Une constante diélectrique élevée favorise la dissociation et a l'effet inverse sur l'association (paire ionique plus lâche). Les meilleures performances de transport du Cr(VI) sont obtenues avec le 2-NPOE qui possède une viscosité et une constante diélectrique modérées.

Tableau III-9 : Valeurs des Viscosités (η), des constantes diélectriques (ε), de l'efficacité de transport (E%)
Solution source: [Cr(VI)]=12 mg.L^{-1} dans H_2SO_4 pour la MPI/PVC et dans HCl pour la MPI/TAC
Solution réceptrice: NaOH à pH = 12.
Membrane: 200mg PVC2 ou de TAC + 5,5 µmol/cm^2 d'Aliquat 336 + plastifiant

Plastifiant	Viscosité η(cp)	constante diélectrique ε	E(%) MPI (PVC2)	É E(%) MPI (TAC)
2-Nitrophenyl octyl ether (2-NPOE)	12,8	24	87,9	87,7
2-Fluorophenyl2-nitrophenyl ether (2-FP2-NPE)	13,0	50	31,9	60,6
Dibutyl phthalate (DBP)	14,8	4	50,0	75,6

Gardner *et col.* [129] ont présenté la polarité et la viscosité comme les caractéristiques essentielles des plastifiants qui affectent le transport par les MPI. Kozlowski et Walkowiak [148] ont constaté le même comportement lors de l'étude du transport du Cr(VI) à travers les MPI contenant des amines comme transporteur. Ces auteurs évoquent que seuls les plastifiants ayant une polarité élevée peuvent être utilisés préférentiellement comme solvant pour l'élaboration des MPI. Fontas et *col.* [128] ont aussi utilisé des plastifiants de différente nature chimique pour l'étude de leur rôle dans le transport du Pt(IV) par des MPI à base de TAC contenant l'Aliquat 336. Le 2-NPOE donne les flux de transport les plus élevés parmi tous les plastifiants testés, cependant le 2-FP2-NPE inhibe le flux métallique. Ils indiquent aussi que l'efficacité de transport des MPIs est aussi liée aux faibles interactions qui existent entre le transporteur, le plastifiant et le TAC.

Dans une autre étude Kozlowski et *col.* [185] ont trouvé que le flux de transport des espèces Zn(II) par MPI est amélioré par la combinaison de deux plastifiants (2-NPOE et TBEH)

Mohapatra et *col.* [137] ont expliqué les résultats de leur étude concernant le rôle du plastifiant dans le transport du strontium par MPI contenant un extractant macrocyclique et le TBP, le NPOE et le EHP comme plastifiants, en disant que la diffusion du complexe dans la membrane est régie essentiellement par la polarité du plastifiant et qu'elle dépend probablement moins de sa viscosité.

Le coefficient de diffusion du complexe dans la membrane est cependant inversement proportionnel à la viscosité de la phase membranaire.

II-2-1-e. Effet de la nature de l'extractant

Nous avons étudié l'extraction du chrome (VI) en fonction des trois extractants étudiés: l'Aliquat336, l'acide diisooctyl-thiophosphonique et le di-tert-butyl-dibenzo-18-crown-6.

Nous constatons que l'Aliquat336 extrait le chrome(VI) avec une efficacité de 87,89%, tandis que le di-tert-butyl-dibenzo-18-crown-6 et l'acide diisooctyl-thiophosphonique ne l'extraient pas. L'extraction du chrome(VI) par l'Aliquat336 est due essentiellement à son affinité vis-à-vis de ce métal. En effet la charge positive portée par l'ammonium quaternaire (Aliquat 336) favorise son association aux anions $HCrO_4^-$ et/ou $Cr_2O_7^{2-}$ à l'interface phase source – membrane et par conséquent entraîne une meilleure extraction. Le di-tert-butyl-dibenzo-18-crown-6 étant un extractant neutre, l'extraction ne peut se faire que par paire d'ions et la cavité de cet éther couronne n'est probablement pas de dimension suffisante pour un tel volumineux anion, l'association n'est pas favorisée dans ce cas. Quant à l'extractant acide, il est clair que sa forme anionique est défavorable à l'association avec les espèces anioniques du chrome.

II-2-2. Effet de la composition des phases aqueuses

II-2-2-a. Effet du pH de la phase source

Comme la distribution des espèces anioniques du Cr (VI) dépend essentiellement du pH du milieu, ce dernier pourrait être un paramètre principal dans le contrôle de l'extraction du Cr (VI) par les MPI.

La figure III-16 montre les variations de la concentration du Cr(VI) en fonction du temps pour les pH 1,2; 2,0; 4,0 et 8,0 (les variations sont données en relation linéarisée : ln C/C_0 = f(t)). L'efficacité de l'extraction diminue avec l'augmentation du pH pour les valeurs allant de 1,2 à 4,0. Cela peut être expliqué par la diminution de la fraction des espèces $HCrO_4^-$ en solution lors de l'augmentation pH, cette espèce se trouve être prédominante dans ce domaine de pH.

A pH = 8,0, l'efficacité d'extraction obtenue est très proche de celle acquise à pH = 1,2. Cela peut être expliqué par des affinités d'association proches, de l'Aliquat 336 avec les espèces $HCrO_4^-$ et CrO_4^{2-} qui sont les espèces prédominantes aux pH 1,2 et 8,0 respectivement.

Ce résultat est semblable à celui obtenu Alguacil et *col.* [102] qui ont obtenu une perméabilité maximale de transport du Cr (VI) avec une MLS contenant le Cyanex 923 comme extractant à pH = 1,0. La perméabilité du Cr (VI) enregistre ensuite une diminution avec l'augmentation du pH dans l'intervalle de 1,0 à 5,0.

Venkateswaran et Palanivelu [186] ont aussi constaté que la valeur optimale pour l'extraction liquide-liquide du Cr(VI) par le bromure du etrabutyl ammonium est pH = 1,0. Kabay et *col.* [187] qui ont trouvé que l'efficacité d'extraction du Cr (VI) par des résines imprégnées par l'Aliquat 336 est restée presque constante pour des valeurs de pH allant de 3,2 jusqu'à 8,1.

Dans une autre étude, Vincent et Guibal [188] ont conclu que le pH de la solution source est le paramètre clé pour l'extraction du Cr (VI) transporté par l'Aliquat 336 dans un module membranaire à fibres creuses. Ils ont également noté que la diminution de l'efficacité d'extraction pour des pH supérieurs à 5, est directement liée à la spéciation du Cr(VI) et en particulier à la diminution de la fraction d'espèces $HCrO_4^-$ (ou $Cr_2O_7^{2-}$) dans la solution aqueuse.

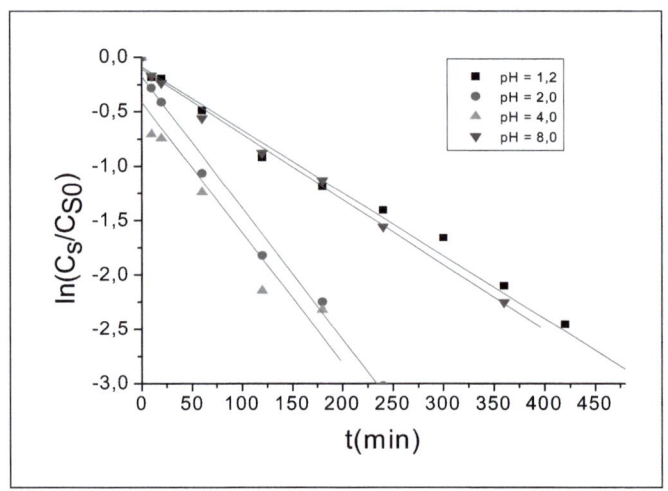

Figure III-16 : Variation de Ln (C_0/C) en fonction du temps pour différent pH.
Phase source: solution aqueuse de Cr(VI) : 13 mg/L dans H_2SO_4 .
Phase réceptrice: solution aqueuse: NaOH 0.1M .

II-2-2-b. Effet de la nature de l'anion contenu dans la phase source

Afin d'élucider l'effet de l'anion contenu dans la phase source sur l'extraction du Cr(VI), nous avons expérimenter le transport du chrome(VI) (dans les conditions optimisées précédemment) avec des solutions aqueuses (phases sources) contenant l'une des entités anioniques Cl^-, SO_4^{2-} ou encore NO_3^- en plus des entités Cr(VI) à une concentration de 10 mg/L.

Nous constatons (figure III-17) qu'une meilleure efficacité de transport (87,68%) est obtenue en milieu chlorure. Dans le cas des sulfates, nous avons enregistré un taux d'extraction de 77,27% et en milieu nitrate seulement 61,45 % d'extraction.

Ouejhani et *col.* [189] ont testé les mêmes anions pour l'extraction liquide-liquide du Cr(VI) par le TBP à pH = 0,3. Un taux d'extraction de 60% a été atteint en présence de NO_3^- et SO_4^{2-} et de 99,5% en présence de Cl^-.

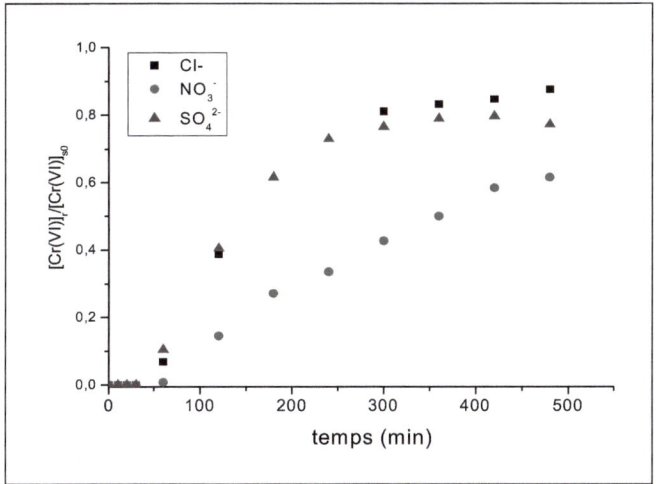

Figure III-17 : Evolution de la concentration de Cr(VI) dans la phase réceptrice en fonction du temps pour différents anions contenus dans la phase source.
Solution source : [Cr(VI)]=10 mg/L; pH=2 .
Solution réceptrice : NaOH à pH=12.
Membrane : (200 mg) + Aliquat 336 (265 mg) +NPOE (312 mg)

Wolkowiak et col. [135] ont établi dans leur étude du transport du Cr(VI) par la TOA contenue dans une MPI à base de TAC plastifié par le 2-NPPE que le milieu chlorure (Cl^-) offre une sélectivité d'extraction meilleure du Cr(VI) (par rapport au Cr(III)) que le milieu sulfate (SO_4^{2-}) Cela, est probablement dû à la nature du complexe formé dans les différents milieux ou encore à sa stabilité. Une connaissance plus fine de la spéciation et des propriétés des espèces ioniques résultantes apportera une réponse plus précise à ces observations.

II-2-2-c. Effet de la composition de la phase réceptrice

Pour examiner l'effet de la nature de l'anion contenu dans la phase réceptrice sur le transport du Cr(VI), nous avons effectué des expériences avec trois compositions différentes de cette phase (dans les conditions optimisées précédemment). La figure III-18 traduit les résultats obtenus pour les trois milieux étudiés: le milieu SCN⁻, OH⁻ et SCN⁻ + OH⁻. On constate que l'efficacité du transport et presque la même (pour OH⁻ (87,86 %), SCN⁻ (87,68%) et SCN⁻ + OH⁻ (87,14 %)). Fontàs et col. [177] ont trouvé que l'efficacité d'extraction des entités Pt(IV), par MLS contenant l'Aliquat 336 comme transporteur, est meilleure en utilisant les ions ClO_4^- dans la phase réceptrice, comparée aux anions SCN⁻, $SCN(NH_2)_2$ et HSO_3^-. Lo et Shiue, [190] ont testé cinq solutions pour la réextraction du Cr(VI) (extrait par une solution d'Aliquat 336) : NaCl (1M), NaCl (4M), NaOH (1M), Na_2SO_4 (0,1M) et $NaNO_3$ (1M). L'efficacité de réextraction optimale (91%) a été obtenue avec la solution de NaOH (1M).

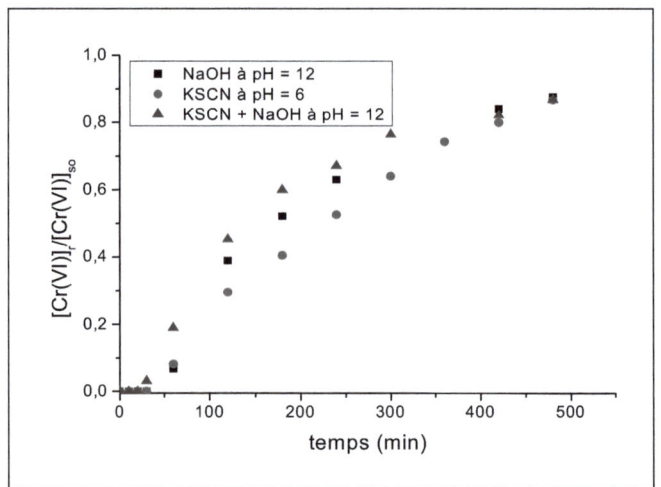

Figure III-18 : Evolution de la concentration de Cr(VI) dans la phase réceptrice en fonction du temps pour différentes compositions de la phase réceptrice.
Solution source : [Cr(VI)]=10 mg/L; pH=2; Milieu chlorure.
Solution réceptrice : NaOH à pH = 12 ou KSCN à pH = 6 ou KSCN+ NaOH à pH = 12
Membrane : Aliquat 336 à 5,5 µmol / cm² + 200 mg de TAC + 312 mg de 2-NPOE

Pour la suite du travail, nous avons opté pour une utilisation préférentielle de SCN⁻ car nous avons constaté que la membrane est restée sans dégradation de type déformation, alors que la membrane après utilisation dans le milieu OH⁻ perd sa forme plane initiale. Dans le cas du milieu $SCN^- + OH^-$, on récupère aussi à la fin du transport une membrane peu déformée.

II-2-2-d. Effet la concentration des ions métalliques Cr(VI)

Afin d'étudier l'effet de la concentration des ions métalliques Cr(VI), nous avons préparé des solutions de Cr(VI) à (10, 20, 30 et 50 mg/L). La figure III-19 montre l'effet de la concentration initiale en Cr(VI) dans la solution d'alimentation sur le flux initial de transport. Ce dernier augmente avec l'accroissement de la concentration en ions métalliques. Aux concentrations supérieures à 30 mg/L, le flux tend à prendre une valeur limite (début d'apparition d'un palier), ce qui est du à la saturation graduelle de l'interface membrane-phase source par les espèces de complexes formées, induisant un flux constant.

Des résultats comparables ont été trouvés par Alguacil et *col.* [112, 191] qui ont exploré l'extraction du Cr(VI) par MLS contenant le Cyanex 923 et le Cyanex 921.

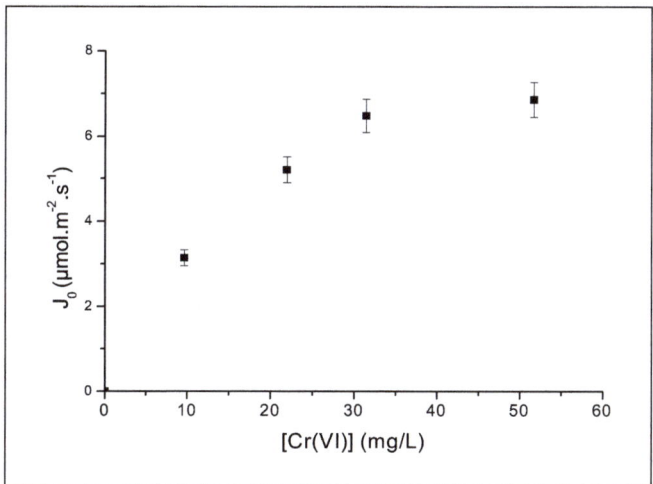

Figure III-19 : Variation du flux de transport en fonction de la concentration initiale du Cr(VI) dans la phase source.
Solution source : [Cr(VI)]=10 mg/L; HCl à pH=2.
Solution réceptrice : KSCN à pH= 6.
Membrane : 5,5 µmol / cm² d'Aliquat 336 + 200mg de TAC + 312 mg de 2NPOE

II-2-3. Sélectivité du transport

Transport compétitif d'ions métalliques (en mélange)

Comme les rejets réels contiennent des ions de métaux lourds se trouvant généralement en mélange, nous avons étudié le transport du Cr(VI) en mélange avec d'autres espèces métalliques généralement présentes avec le chrome dans les rejets à savoir : (Ni(II) + Zn(II) + Cd(II) + Cu(II)), à la même concentration initiale de 10 mg/L pour chacune des cinq espèces en solution, afin d'examiner la sélectivité des MPI utilisées.

La figure III-20 représente le rendement du transport des cinq espèces étudiées. Nous remarquons que les efficacités de transport du nickel, du cadmium et du cuivre sont nulles, alors qu'un très faible pourcentage du Zn(II) est transporté (0,121%). En revanche le Cr(VI) est transporté avec une efficacité proche de (92,33 %) ce qui met en évidence l'affinité importante de l'Aliquat 336 pour cette valence du chrome.

Ces résultats nous amènent à dire que les autres métaux présents sous la forme cationique ne sont pas transportés par l'extractant basique (Aliquat 336) dans ces conditions (milieu sulfate) et qu'une sélectivité idéale en faveur de l'extraction des oxyanions Cr(VI) a été obtenue.

Ce résultat, bien qu'assez logique du point de vue du mécanisme de complexation, paraît vraiment intéressant car la sélectivité est l'un des objectifs les plus recherchés dans le choix des méthodes de séparation.

Kozlowski et *col.* [185] ont pu avoir des coefficients de sélectivité $S_{Cr(VI)/Cd(II)}$ allant de 15 à 91 et $S_{Cr(VI)/Zn(II)}$ de 29 à 287, dans une étude de transport compétitif d'un mélange contenant les trois espèces (Cr(VI), Cd(II) et Zn(II)). Les concentrations initiales étaient de 0,001 M en Cd(II) et Zn(II) et de 0,002 M en Cr(VI) dan une solution de HCl de concentration variable de 0,10 M à 0,25 M. La MPI utilisée à cet effet contenait la TOA comme extractant.

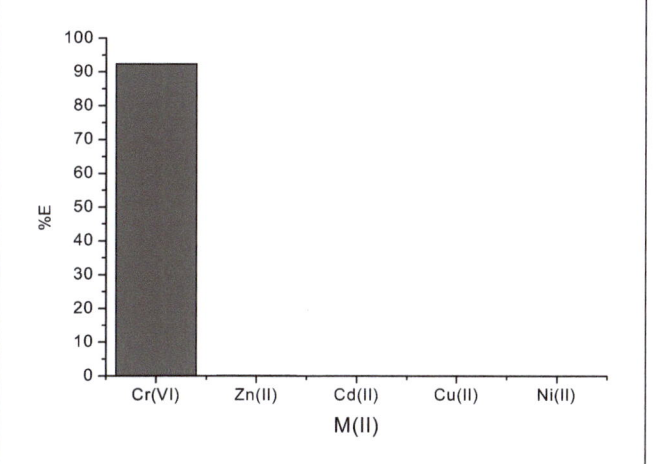

Figure III-20 : Efficacités d'extraction de la MPI pour un mélange Cr(VI), Ni(II), Zn(II), Cd(II) et Cu(II).
Solution source : [Cr(VI), Ni(II), Zn(II), Cd(II) et Cu(II)] =10 mg/L; pH=2
Solution réceptrice : KSCN à pH= 6.
Membrane : 5,5 µmol / cm² d'Aliquat 336 + 200mg de TAC + 312 mg de 2NPOE

II-2-4. Etude de la stabilité de la membrane polymère à inclusion

Comme nous l'avons déjà signalé, la raison majeure de l'usage limité des MLS à l'échelle industrielle est l'instabilité de la membrane ou sa durée de vie qui est en général trop courte pour des applications industrielles, d'où la forte motivation actuelle pour le développement des MPI.

Pour examiner la stabilité des MPI, nous avons réalisé des expériences répétées de transport du Cr(VI) en renouvelant les solutions d'alimentation et de récupération toutes les quatre heures, sans changement de la membrane durant 10 cycles d'extraction.

La figure III-20 représente le flux du transport des ions Cr(VI) en fonction du nombre de manipulations répétées toutes les 4 heures.

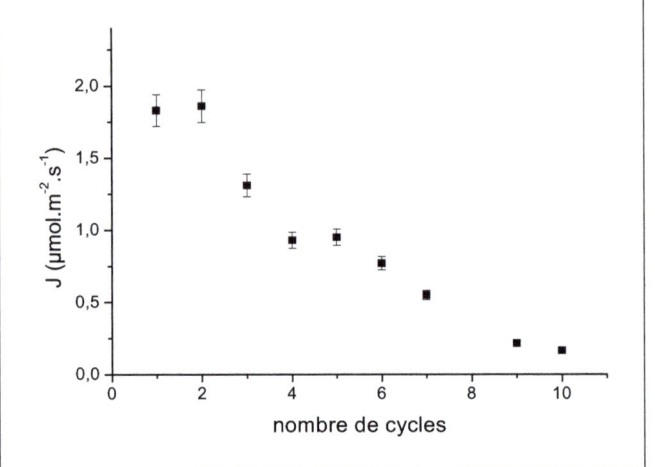

Figure III-21 : Variation du flux de transport du Cd (II) en fonction du nombre de cycles d'utilisation pour des expériences de 4 heures.
Solution source : [Cr(VI)]=10 mg/L; pH=2.
Solution réceptrice : [KSCN] à pH= 6.
Membrane : 5,5 µmol / cm² d'Aliquat 336 + 200mg de TAC + 312 mg de 2NPOE

Nous remarquons que le flux de transport diminue de 30% environ au bout du troisième cycle d'utilisation, et de plus de 50% au bout du sixième cycle. Cela est probablement du à la saturation de la membrane par les entités non décomplexées cumulées après chaque utilisation. Ce manque de stabilité de ces membranes (MPI) a été aussi enregistré par Gyves et *col.* [125] lors de l'étude du transport facilité des cations Cu(II) par MPI à base de TAC contenant le LIX 84-I comme transporteur. Wang et Shen [149] ont constaté que la MPI à base de PVC contenant l'Aliquat 336, se détériore rapidement lors de l'extraction du Cd(II), alors qu'elle présente une meilleure stabilité après extraction du Cu(II). Salazar-Alvarez et *col.* [124] ont quant à eux observé une diminution du flux de transport des ions Pb(II), par MPI à base de TAC plastifiée par le TBEP et contenant l'extractant acide D2EHPA, après cinq cycles de trois heures de fonctionnent. Ils ont attribué la détérioration de MPI à l'acidité élevée de la phase réceptrice ([HNO$_3$] = 1,5 mol/l)

Notons aussi que l'étude de la stabilité des MPI n'a pas fait l'objet de la plupart des études publiées dans ce domaine [105].

II-3. Etude comparative du transport du Cr(VI) par MLS et MPI

Afin de comparer l'efficacité du transport des ions Cr(VI) par MPI avec celle d'une MLS, nous avons réalisé une expérience de transport dans les conditions opératoires définies comme étant optimales pour le transport du Cr(VI) par MPI.

Le support polymère choisi pour l'élaboration de la MLS est le polypropylène (PP) qui a été imprégné pendant 2 jours dans une solution contenant l'Aliquat336 dissout dans un mélange 2-NPOE + CHCl$_3$. Les figures III-21 à III-23 montrent respectivement l'évolution de la concentration du Cr(VI) dans les compartiments source ($[Cr(VI)]_s$), récepteur($[Cr(VI)]_r$) ainsi que celle restant au cœur de la membrane ($\Delta[Cr(VI)]$).

Le rendement de transport obtenu est seulement de 15,17%. Mitiche et *col.* [192] ont aussi trouvé que l'utilisation du 2-NPOE comme solvant pour la préparation de MLS pour le transport du Cu(II), donne un faible rendement d'extraction, comparé à d'autre solvant comme le chloroforme. L'explication qu'ils ont donné à ce résultat est que le transport du Cu(II), par MLS contenant le HPBI comme complexant, est beaucoup plus limité par la diffusion du complexe formé dans la membrane (qui dépend de la viscosité du solvant) que par la réaction de décomplexation qui est favorisée par une constante diélectrique élevée ($\varepsilon_{NPOE} = 23$ et $\varepsilon_{CHCl3} = 4,8$). Aouad et *col.* [101] ont montré que le flux du transport du Cd(II) par le Lasalocid A à travers une MLS, est inversement proportionnel à la viscosité du solvant utilisé pour la préparation de la MLS. Ce flux dépend aussi de sa polarité et ils ont conclu que les solvants de faible viscosité donnent de meilleures flux de transport mais les MLS obtenues sont moins stables.

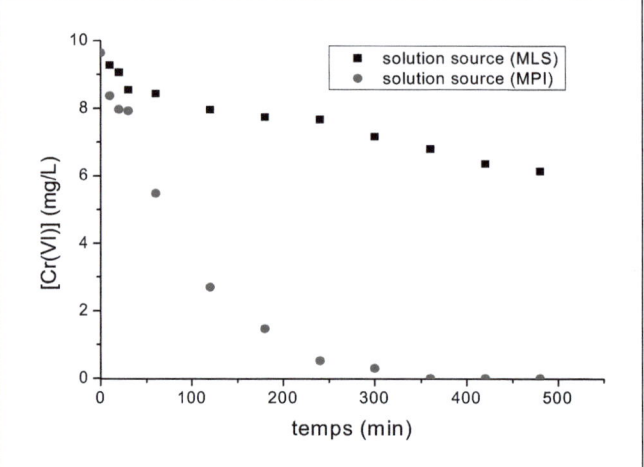

Figure III-22 : Evolution de la concentration du Cr(VI) en fonction du temps dans le compartiment source avec une MLS (■) et avec une MPI (●).
Solution source : [Cr(VI)]=10 mg/L; pH=2.
Solution réceptrice : [KSCN] à pH= 6.
Membrane : à 5,5 µmol / cm² d'Aliquat 336

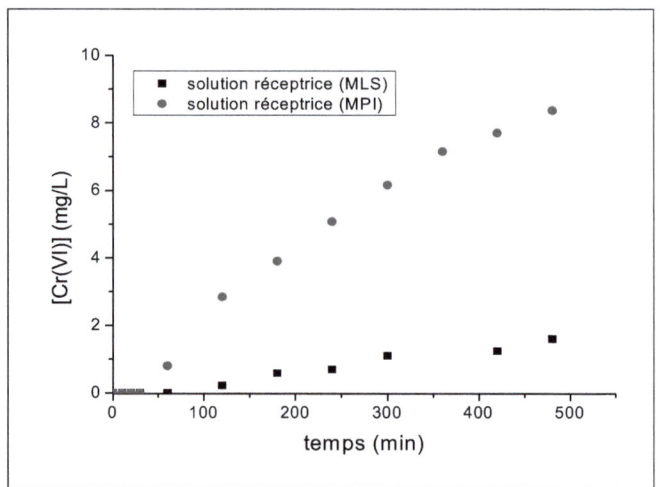

Figure III-23 : Evolution de la concentration du Cr(VI) en fonction du temps dans le compartiment récepteur avec une MLS (■) et avec une MPI (●).
Solution source : [Cr(VI)]=10 mg/L; pH=2; Milieu chlorure.
Solution réceptrice : [KSCN] à pH= 6.
Membrane : à 5,5 µmol / cm² d'Aliquat 336

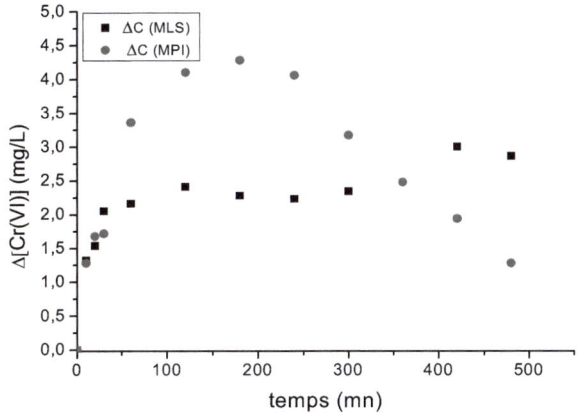

Figure III-24 : Evolution de la concentration du Cr(VI) en fonction du temps dans la MLS (■) et avec la MPI (●).
Solution source : [Cr(VI)]=10 mg/L; pH=2; Milieu chlorure.
Solution réceptrice : [KSCN] à pH= 6.
Membrane : à 5,5 μmol / cm² d'Aliquat 336

Ce taux d'extraction est très faible si on le compare à celui que nous avions obtenu avec la MPI (87,87 %). Ce faible rendement peut être attribué à la grande rétention du métal dans la membrane liquide supportée, alors que la membrane polymère à inclusion se décharge du métal, à partir de t = 200 minutes (figure III-24). Schow et *col.* [107] ont eux aussi trouvé que le flux de transport de quelques métaux alcalins par la MPI est 3 fois plus important que celui obtenu avec la MLS contenant le même transporteur (éther couronne).

II-4 . Conclusion

Dans cette deuxième partie du travail, des MPI à base de TAC et de PVC contenant l'ammonium quaternaire (l'Aliquat 336) comme transporteur, ont été élaborées pour l'étude du transport du Cr(VI) en milieu acide. L'étude a été orientée dans le sens d'optimiser au maximum les paramètres régissant le transport avec un intérêt particulier porté à la composition de la membrane, en se focalisant sur l'effet de la nature du polymère de base, ainsi que sur celle du plastifiant.

Les grandeurs caractérisant les solutions aqueuses ont été aussi étudiées.

Les résultats obtenus nous ont conduits aux conclusions suivantes :

➢ Le poids moléculaire du polymère (PM) de base PVC a un effet sur la qualité des MPI élaborées et sur leur efficacité pour le transport ionique. Un faible PM donne lieu à des membranes plus efficaces pour l'extraction, mais qui sont plus fragiles et qui en conséquence ont peu d'intérêt pour une utilisation pratique.

➢ Les MPI à base de PVC de PM de 80 000 g.mol^{-1} et à base de TAC de poids moléculaire de 74 000 g.mol^{-1} donnent des efficacités de transport comparables (87,9% et 87,7% pour les MPI à base de PVC et de TAC) pour une concentration optimale de 5,5 µmol.cm^{-2} en Aliquat 336. Cependant, les MPI à base de TAC transportent le Cr(VI) à de très faibles concentrations (0,6 µmol.cm^{-2}), alors que les MPI à base de PVC ne deviennent fonctionnelles qu'au delà d'une concentration de l'ordre de 1,38 µmol.cm^{-2}.

➢ Le 2-NPOE est le plastifiant de choix pour l'élaboration de ces membranes, à une teneur de 4,9 mg.cm^{-2}.

➢ Il a aussi été noté que ces MPI sont devenues plus ou moins colorées (jaune-orangé) après utilisation. Cette coloration est vraisemblablement due à une accumulation du complexe métal-transporteur à l'intérieur de la membrane. Cela a été plus accentué dans le cas des MPI à base de PVC, où nous avons remarqué un changement de morphologie, les membranes étant devenues relativement fripées.

➢ Une concentration de 10 mg/L, un pH de 2 en milieu chlorure en phase source et une solution de KSCN à pH = 6 sont les conditions optimales pour le transport des oxyanions de Cr(VI).

➢ Coté stabilité, la MPI à base de PVC perd 50% de son efficacité après une seule utilisation. La MPI à base TAC est un peu plus stable. Deux cycles d'utilisation sans altération ont pu être réalisés avec ensuite une perte d'efficacité de 30% au bout du 3ème cycle et de 50% au bout du 5ème cycle.

III- CARACTÉRISATION DES MEMBRANES

Pour mieux comprendre le comportement des membranes d'affinité étudiées en transport facilité, leur caractérisation s'avère importante. Pour cela nous avons utilisé les méthodes d'analyse suivantes :

- La microscopie électronique à balayage (MEB) pour l'analyse de surface;

- La spectrométrie infrarouge (IR) pour la détermination des groupements chimiques fonctionnels portés par ces matériaux membranaires ;

- L'analyse thermique (ATG et ATD) pour situer des différentes dégradations graduelles thermiques des membranes étudiées en relation avec leur composition et caractériser les états physiques des systèmes polymères;

- La diffraction des rayons X (DRX) pour repérer l'existence ou l'apparition de formes cristallines.

Toutes ces analyses vont éventuellement nous renseigner sur la structure interne des membranes et déboucher sur une meilleure approche de leur utilisation en transport facilité des ions métalliques.

III-1. Analyse par microscope électronique à balayage (MEB)

La figure III-24 montre les images MEB de la surface et de la section des différentes membranes étudiées. Au vu de ces images nous remarquons que les MPI ont une surface uniforme et paraissent denses et sans porosité perceptible. L'addition du plastifiant (2-NPOE) au polymère de base (TAC) ne modifie presque pas l'apparence de ces films. Notons q'Arous et *col.* [65] ont présenté des images MEB du TAC (seul) avec une grande porosité, ce résultat n'est pas analogue à celui que nous avons obtenu ici. Gherrou et col. [119] ont aussi constaté que les MPI qu'ils ont élaboré au cours de leur étude, était de porosité négligeable.

Le film de polypropylène (utilisée comme support pour la préparation des membranes liquides supportées (MLS) présente par contre une porosité élevée, comme précisé sur les notices d'utilisation déposées par le fournisseur.

Après ajout du transporteur acide (D2EHPA), nous remarquons l'apparition d'une structure assimilable à une structure poreuse, alors que l'addition d'Aliquat 336 confère à la membrane un aspect fripé. Cette évolution dans la morphologie de ces membranes nous laisse supposer que l'ajout du transporteur crée un certain type de chemins à l'intérieur de la MPI, qui facilitent le transport des entités complexes, par diffusion. Dans le cas des MLS, l'addition de la solution de complexant D2EHPA provoque le remplissage des pores par la solution organique, les pores ne sont plus très visibles dans ce cas.

(A)

 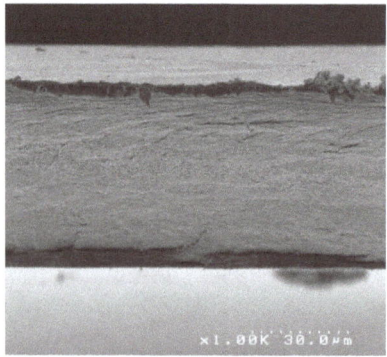

TAC (seul) surface   TAC (seul) coupe

(B)

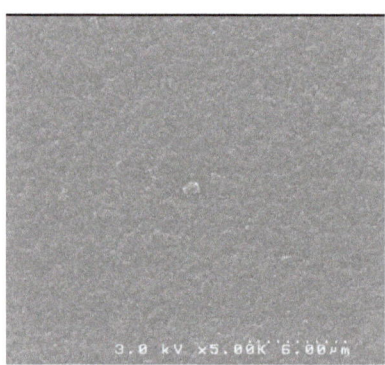 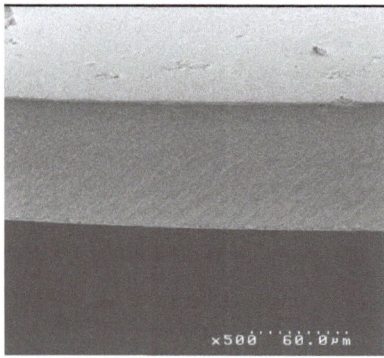

TAC + 2-NPOE (surface)   TAC + 2-NPOE (coupe)

(C)

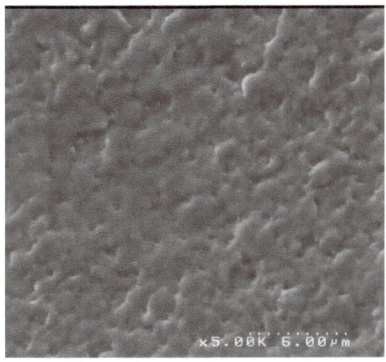 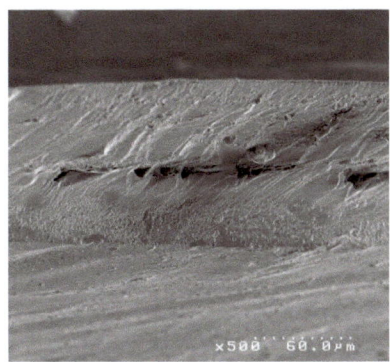

TAC +2-NPOE + D2EHPA (surface)   TAC +2-NPOE + D2EHPA (coupe)

(D)

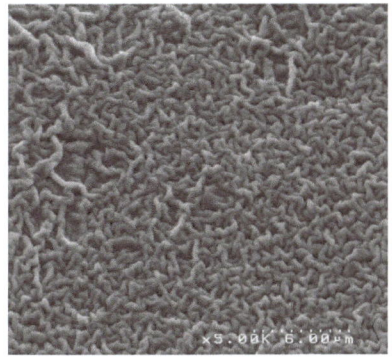 

TAC +2-NPOE + Aliquat 336 (surface)   TAC +2-NPOE + Aliquat 336 (section)

(E)

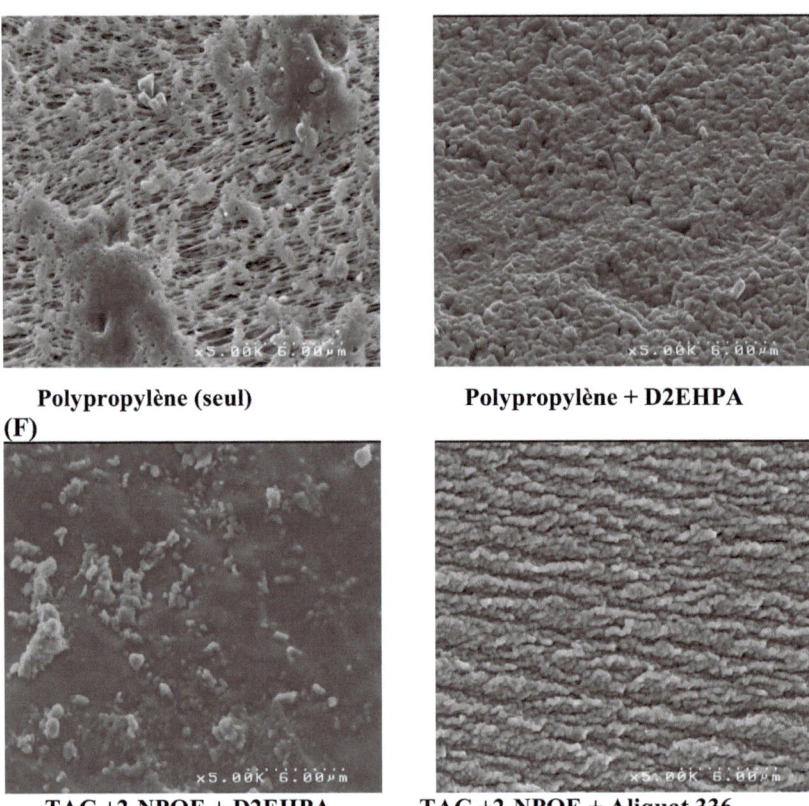

Polypropylène (seul)   Polypropylène + D2EHPA

(F)

TAC +2-NPOE + D2EHPA   TAC +2-NPOE + Aliquat 336

(après transport)   (après transport)

(G)

 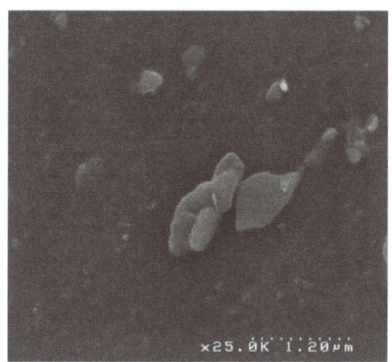

PVC+ 2-NPOE+Aliquat 336   **PVC+ 2-NPOE+Aliquat 336**
(avant transport)   **(après transport)**

Figure III-25 : Micrographies MEB des membranes avec les différents constituants **(A)** TAC seul; **(B)** TAC + 2NPOE; **(C)** TAC+ 2NPOE + D2EHPA ; **(D)** TAC + 2NPOE + Aliquat 336 ; **(E)** Polypropylène ; **(F)** MPI contenant le D2EHPA et MPI contenant l'Aliquat 336 (après transport de Cd(II) pendant 200 minutes); **(G)** PVC +2-NPOE + Aliquat 336 (avant et après transport du Cr(VI)).

Les MPI à base de TAC, ont été examinées après transport du Cd(II) pendant une durée de 200 minutes. Nous remarquons alors l'apparition de petits amas à la surface de la MPI contenant le D2EHPA comme transporteur, alors que la MPI contenant l'Aliquat 336 paraît inchangée. Cela est en bon accord avec les résultats montrés sur la figure (III-6) relatifs aux profils des concentrations du Cd(II) en fonction du temps. En effet, la formation de ces petits agrégats indique l'accumulation d'entités (éventuellement le complexe) à la surface de la membrane.

La même observation a été enregistrée avec la MPI à base de PVC contenant l'Aliquat 336, utilisée pour le transport du Cr(VI), c'est à dire l'apparition d'amas à la surface de la membrane après transport. Cela corrobore la remarque de coloration de la membrane déjà observée à l'œil nu.

III-2. La spectrométrie infrarouge (IR)

Les analyses IR constituent un outil majeur de détermination de la nature des molécules organiques. Les spectres d'adsorption dans l'infrarouge moyen vont nous permettre de repérer les groupements chimiques fonctionnels de chaque type de membrane et d'accéder aux informations relatives à la formation éventuelle de nouvelles liaisons chimiques entre les différents constituants.

Le spectre IR illustré sur la figure III-26 (a) présente les bandes d'absorption du TAC seul. Il est caractérisé par la présence de deux bandes de vibration de déformation dans la région de 1370 cm^{-1} et vers 2950 cm^{-1} de vibration d'élongation du groupement C-H. Une bande de vibration d'élongation à 1740 cm^{-1} qui est attribuée au groupement carbonyle C=O est visible sur le spectre ainsi que des bandes de vibration de déformation à 1210 et à 1035 cm^{-1} caractéristiques du groupement C-O.

De l'examen du spectre (b) (figure III-26) relatif au PVC nous relevons en particulier, l'existence d'une bande située à 744cm^{-1} attribuée à la liaison C-Cl.

Le spectre (c) présente les bandes d'absorption classiques du 2NPOE seul. On remarque sur ce spectre, l'existence de plusieurs bandes dont celle de vibration de rotation du groupement méthylène (-CH$_2$-) dans la région de 720 cm^{-1} et deux autres bandes de vibration d'élongation du même groupement dans la région de 2960 à 2850 cm^{-1}.

On constate également, l'apparition des bandes de vibration d'élongation du radical

-NO$_2$ dans la région 1525 cm^{-1}. Il y a aussi plusieurs bandes de vibration de déformation qui sont résumées dans le tableau III-11.

L'analyse et la comparaison des spectres d'absorption IR des membranes : TAC + 2NPOE, TAC + 2NPOE + D2EHPA, TAC + 2NPOE + Aliquat 336 et PVC + 2NPOE + Aliquat 336, n'ont pas montré l'apparition de nouveaux pics liés à de nouvelles bandes d'absorption, toutes les bandes indiquées dans le spectre de la membrane de référence (sans le transporteur) sont également présentes et pratiquement inchangées dans les cas des membranes contenant les molécules de transporteur. On remarque aussi l'apparition d'un pic à 1235 cm^{-1} permettant de repérer le groupement $(R)_3$- N^+ (pour l'Aliquat 336) et deux autres pics à 1240 et 1020 cm^{-1} qui correspondent pour le D2EHPA aux groupements P=O et P-O, respectivement .

Les spectres IR acquis montrent donc que les principales bandes observées sont celles qui caractérisent les constituants individuels de chaque membrane (tableau III.11). Cela suggère l'existence d'interactions faibles entre les différents constituants des MPI, ces interactions étant du type Van Der Waals ou liaisons hydrogènes.

Ceci signifie que tous les constituants de la membrane sont restés en tant que composants individuels et non liés à la matrice membranaire.

Ces résultats sont semblables à ceux déjà proposés dans la littérature pour les MPI avec d'autres transporteurs [65, 136].

Tableau III-11 : Bandes d'absorption des groupements fonctionnels caractérisant le TAC, le PVC, le 2-NPOE, le D2EHPA et l'Aliquat 336.

Membrane	Bande (cm^{-1})	Groupement
TAC	1740 1210 à 1030 2950 1370	C=O C-O C-H C-H
PVC	744	C-Cl
2-NPOE	1525 1465 2960 à 2850 1127 1351 720 730 à 675	NO$_2$ -CH$_3$ de l'octyl -CH$_2$- C-O C-N -CH$_2$- C-H
D2EHPA	1240 1020	P=O P-O
Aliquat 336	1235	(R)$_3$- N$^+$

133

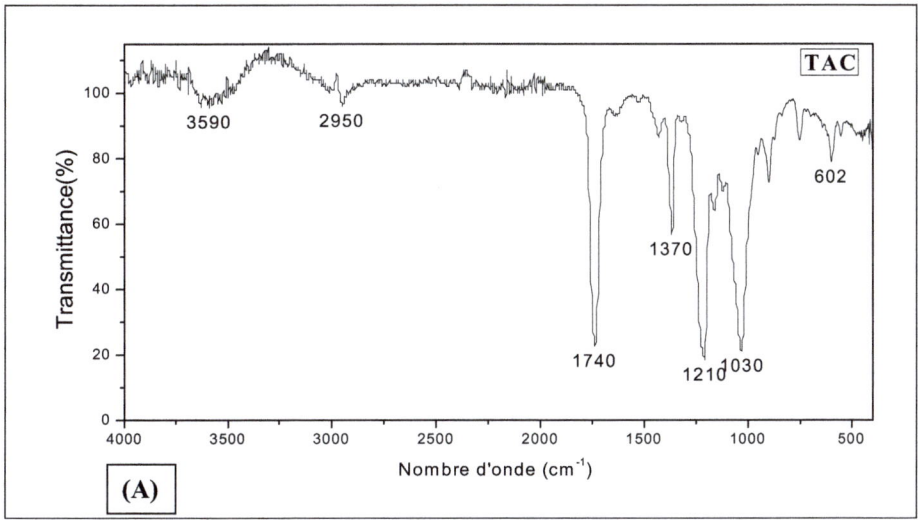

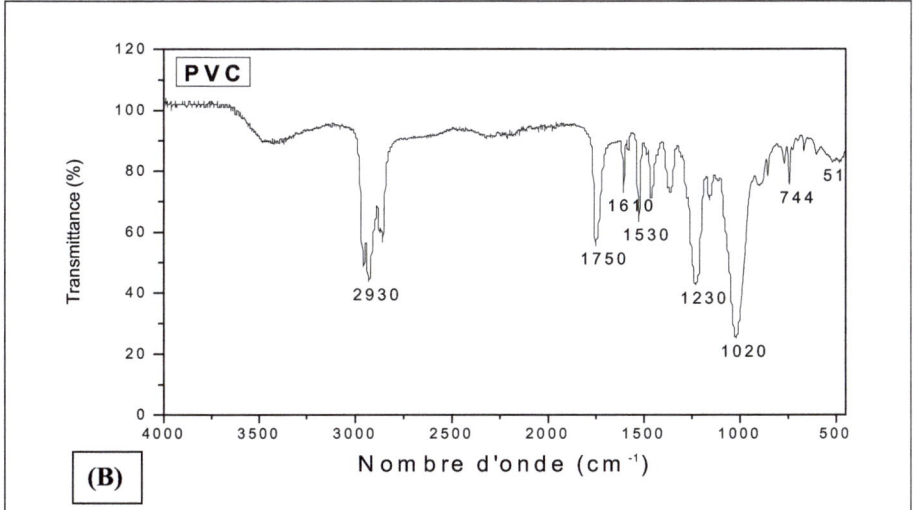

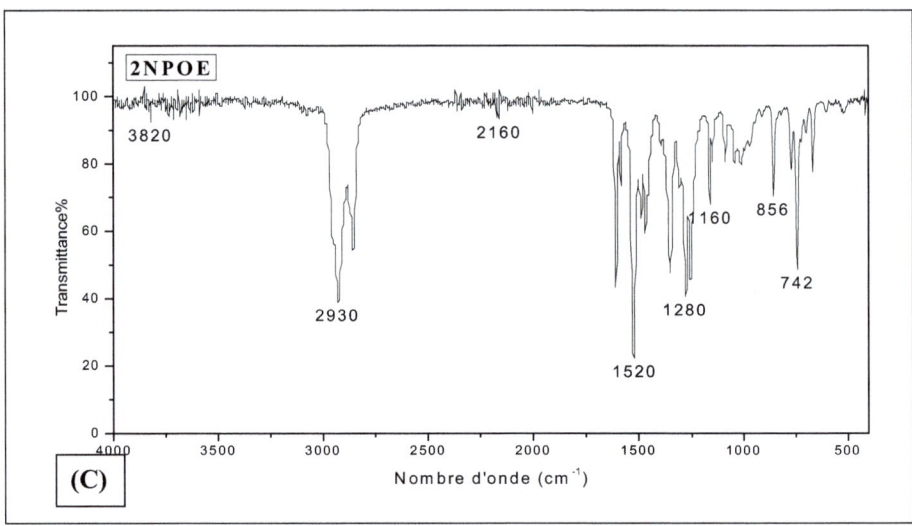

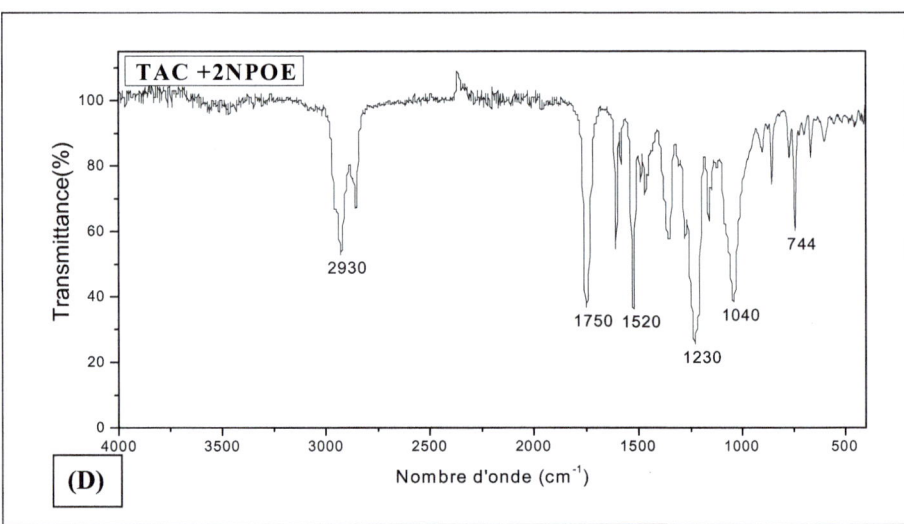

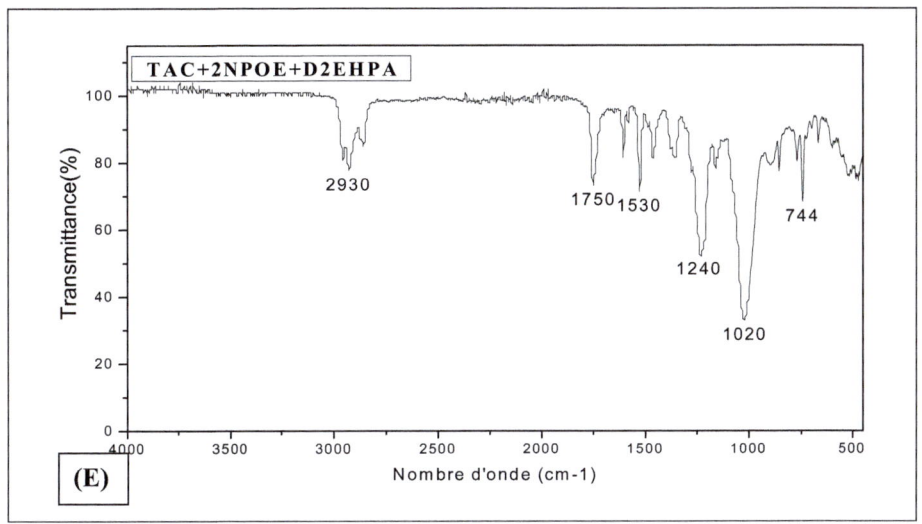

(E)

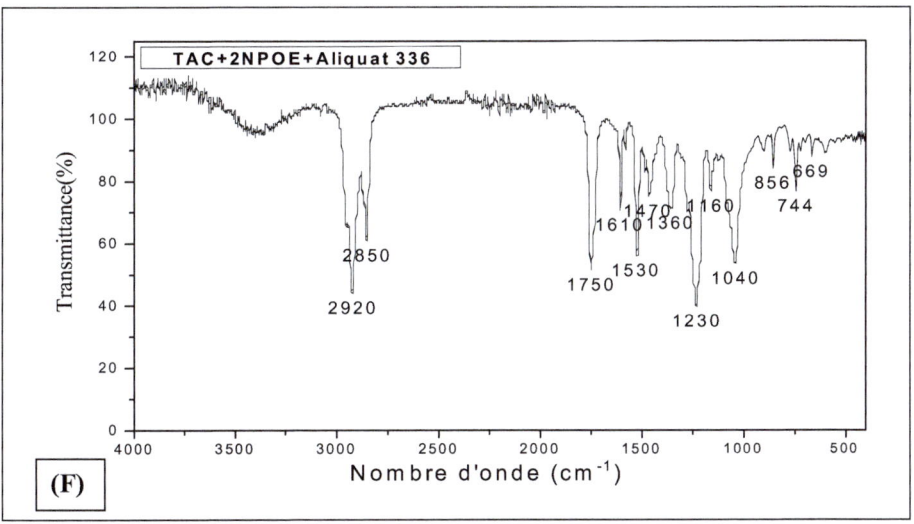

(F)

136

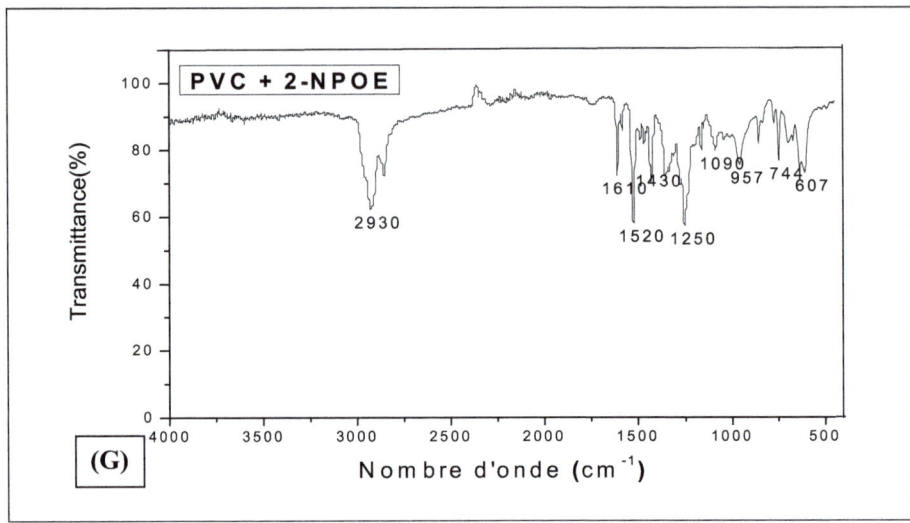

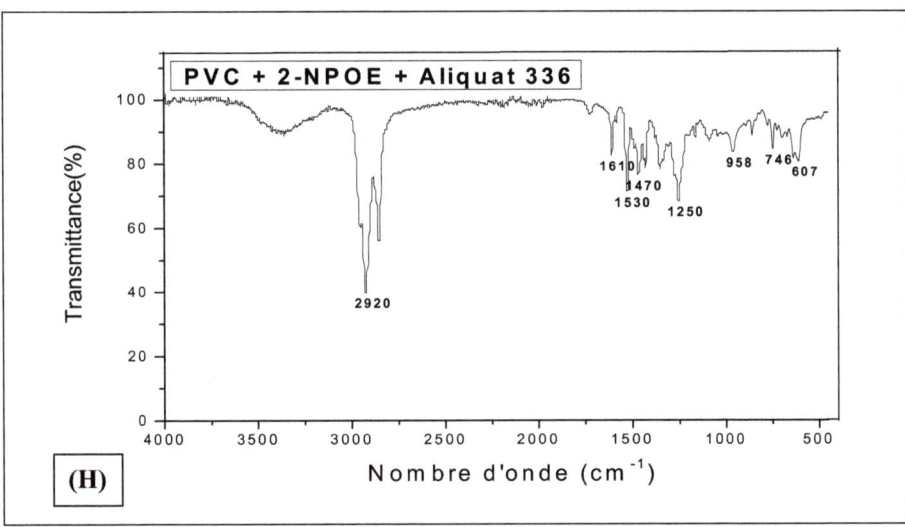

Figure III-26: Spectres IR des membranes avec les différents constituants
(A) TAC seul; **(B)** PVC seul ; **(C)** 2-NPOE seul ; **(D)** TAC+ 2NPOE ; **(E)** TAC + 2-NPOE + D2EHPA ; **(F)** TAC + 2NPOE + Aliquat 336 ; **(G)** PVC +2-NPOE ; **(H)** PVC + 2-NPOE + Aliquat 336.

III-3. Analyse thermogravimétriques

Les analyses thermogravimétriques (ATG) ont été effectuées dans le but de visualiser les différentes températures de dégradation des membranes étudiées afin de repérer les éventuels changements qui pourront nous renseigner sur les possibles modes d'interactions entre les différents composants.

La figure III-27 présente les différents thermogrammes (% perte de masse en fonction de la température) obtenus.

Nous constatons que le polypropylène seul se dégrade en une seule étape qui débute aux environs de 300°C, puis devient importante vers 350°C, le polymère étant entièrement dégradé à 450°C.

La membrane en TAC seul est thermiquement dégradée en deux étapes (thermogramme (B)) : la première, située vers 290°C correspond à la détérioration thermique de la chaîne principale du TAC et la deuxième étape qui commence à partir de 350°C représente le début de la carbonisation du composé.

Le thermogramme (C) relatif au PVC décrit une destruction en deux étapes, la première qui est située entre 250°C et 300°C correspond à la dégradation de la chaîne principale du polymère et la seconde positionnée vers 450°C indique la carbonisation du PVC.

Dans le cas de la membrane composée de TAC et de NPOE (thermogramme (D)) la perte en masse commence vers 190°C qui correspond à la perte d'une partie du plastifiant (43,65%), la température d'ébullition du 2-NPOE étant de 198°C. La perte en masse de ce dernier (qui représente 61% de la masse totale de la membrane) n'est que partielle. À 210°C la perte de 21% de la masse totale de la membrane peut être attribuée au départ du 2-NPOE restant qui est probablement plus retenu par les chaînes du polymère. La dégradation du TAC débute vers 370°C.

Quant au thermogramme (E) obtenu avec la MLS contenant le D2EHPA, la première étape de dégradation est enregistrée entre 200°C et 250°C. Elle est relative à la volatilisation du transporteur (D2EHPA) dont la température d'ébullition est de 155°C. La deuxième située à 450°C correspond à la dégradation du PP.

Dans le cas de la MPI composée de TAC + 2-NPOE + **D2EHPA** (thermogramme (F)), une perte de masse de 40% est enregistrée à 180°C. Cette quantité ne correspond pas à la masse initiale de D2EHPA (53%). Cela implique donc la volatilisation d'une portion du D2EHPA avec éventuellement un peu de 2-NPOE (28% de la masse initiale de l'échantillon). À 225°C, la perte de 52% de la masse de la membrane est constatée en une seule étape, une dégradation de 92% de la masse initiale a été observée.

La MPI constituée de TAC + 2-NPOE + **Aliquat 336** (thermogramme (G)) montre une perte de masse de 3,1% à une température inférieure à 100°C, qui est attribuée à la perte d'eau. À 190°C la perte de 35% est éventuellement due à la volatilisation d'une portion du 2-NPOE (qui constitue 40,6% de la masse initiale de l'échantillon), suivie d'une perte à 210°C provoquée par l'évaporation de l'Aliquat 336 (33% de la masse initiale), la température d'ébullition de ce dernier est de 225°C. La perte de 24% de la masse totale située vers 300°C, correspond au début de la dégradation du TAC (26% de la masse initiale de l'échantillon).

Le thermogramme (H) de la membrane contenant les trois constituants (PVC + NPOE + Aliquat 336), a fait apparaître une dégradation en trois étapes, la première a été localisée à environ 220°C coïncidant avec la volatilisation du 2NPOE et de l'Aliquat 336, la deuxième et la troisième se retrouvent aux alentours de 320°C et 460°C et sont celles déjà enregistrées dans le thermogramme du PVC seul.

Au vu de ces résultats d'analyse thermique (ATG) nous pouvons conclure que les interactions entre les différents constituants des MPI sont faibles (le plastifiant et le transporteur se volatilisent à des températures proches de celles de leurs températures d'ébullition).

➤ L'addition du plastifiant au polymère de base provoque une diminution de la température du début de la dégradation de la chaîne principale du TAC. Cela est probablement dû à des interactions entre le TAC et le 2NPOE.

➢   L'addition du transporteur Aliquat 336 montre par contre une augmentation des températures de dégradation et de carbonisation du polymère, ce qui nous conduit à dire que les qualités thermiques des membranes sont améliorées dans ce cas.

➢   L'ajout du transporteur D2EHPA provoque par contre un déplacement de la température de dégradation thermique de la matrice polymère vers des températures plus basses.

➢   La particularité du thermogramme (F) semble indiquer l'existence d'un type particulier d'interactions entre les composants de cette membrane (éventuellement des liaisons hydrogènes car on a retrouvé le même type de thermogramme lors de l'expérimentation avec un autre extractant acide qui est l'acide diisocctyl-thiophosphinique :$C_{16}H_{35}OPS$).

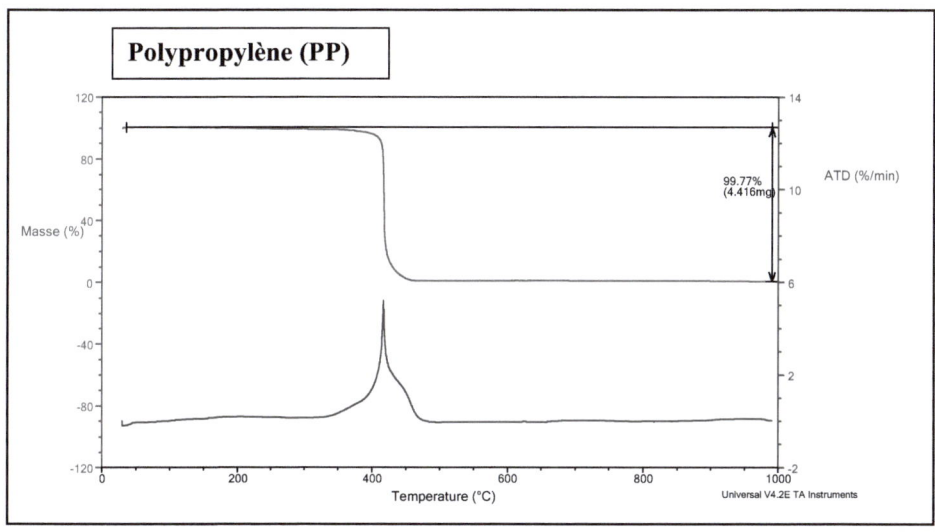

(A) Polypropylène (PP)

140

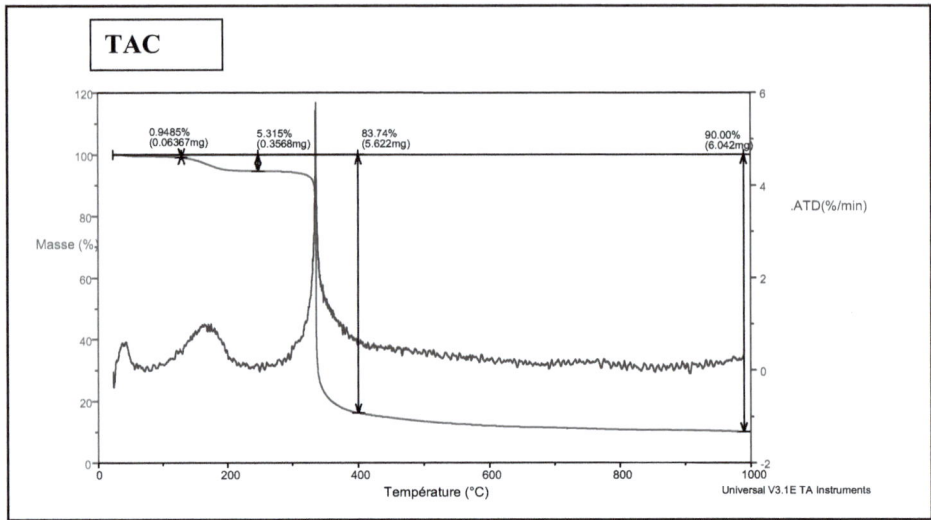

(B) Triacétate de Cellulose (TAC)

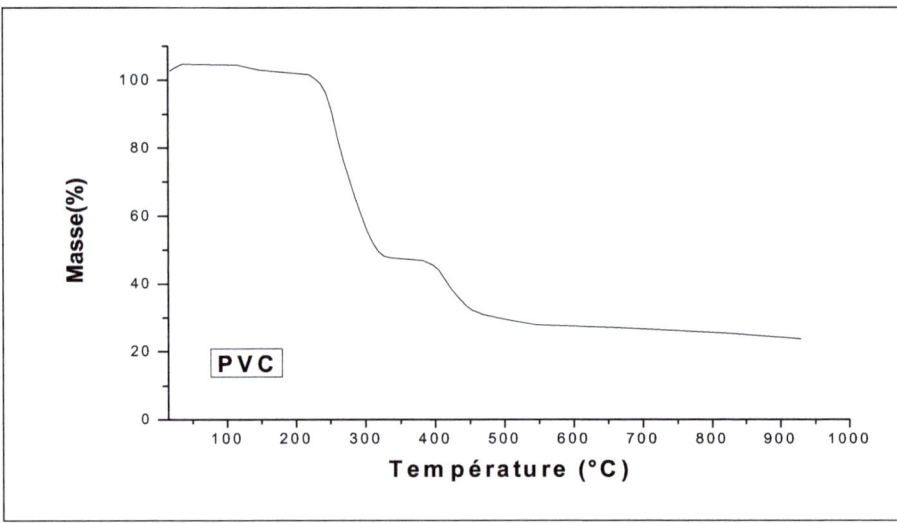

(C) Chlorure de Polyvinyle (PVC)

141

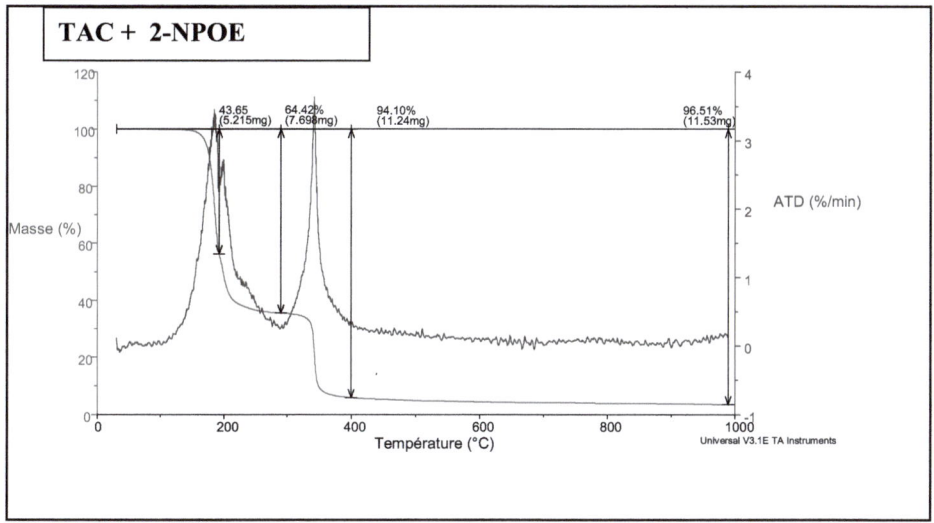

(D) TAC + 2-NPOE

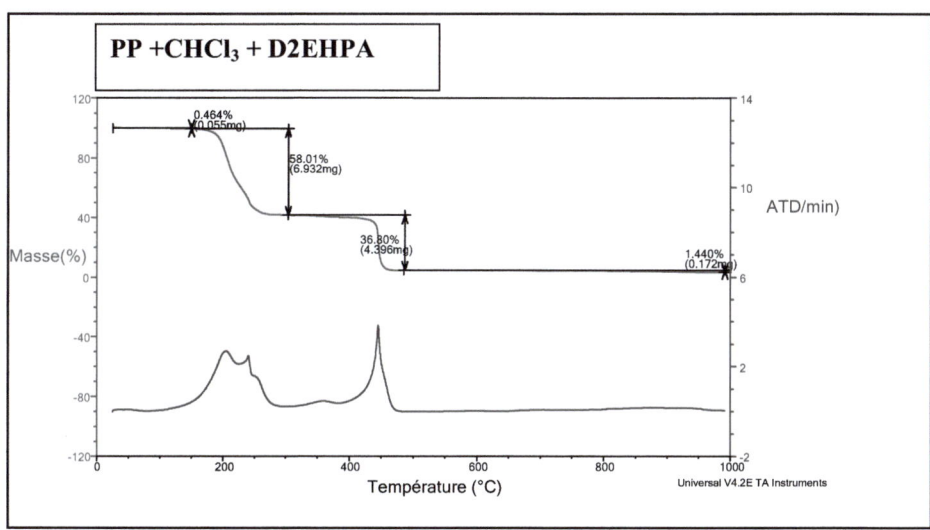

(E) PP + CHCl₃ + D2EHPA

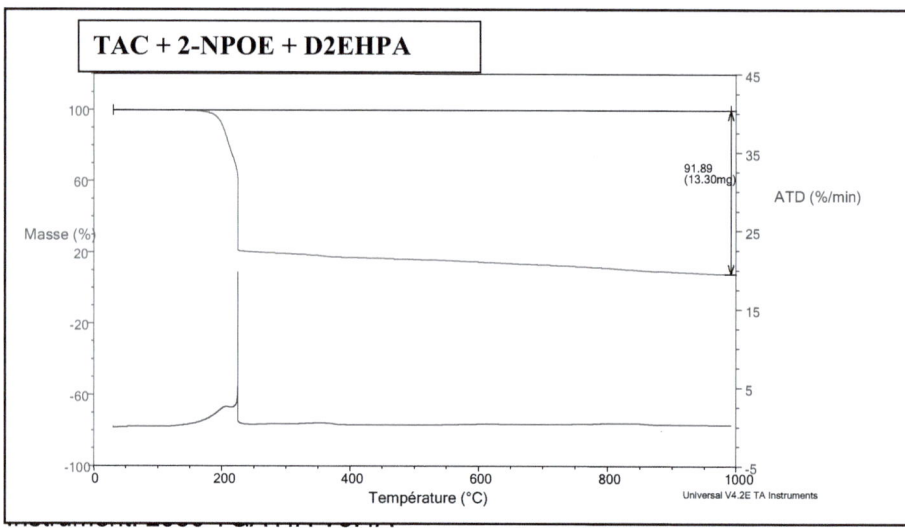

(F) TAC + 2-NPOE + D2EHPA

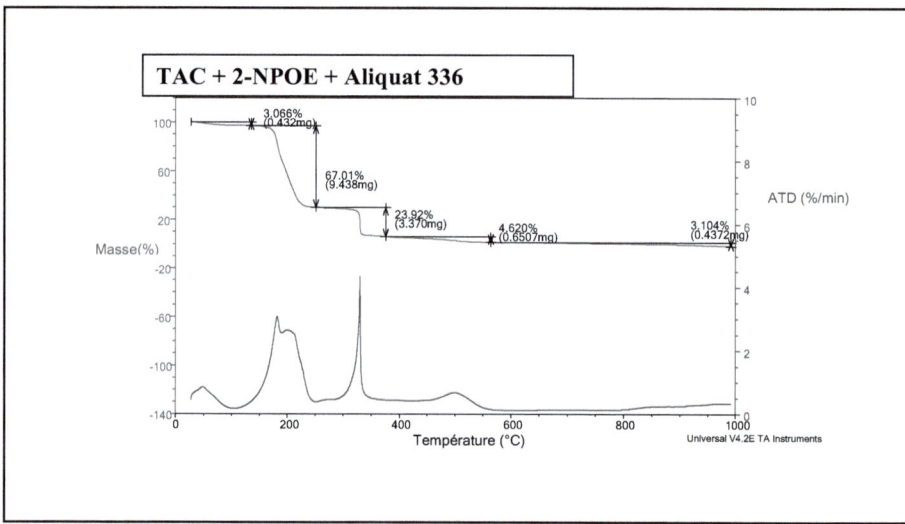

(G) TAC + 2-NPOE + Aliquat 336

143

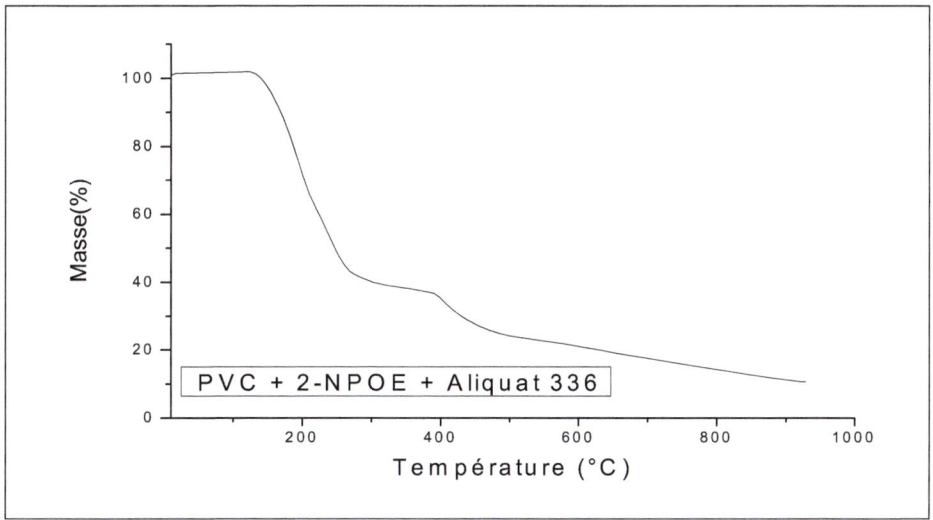

(H) PVC + 2-NPOE + Aliquat 336

Figure III-27 : Thermogrammes des membranes avec les différents constituants
(A) PP ; **(B)**TAC seul; **(C)** PVC seul ; **(D)** TAC + 2NPOE; **(E)** PP + D2EHPA ; **(F)** TAC+ 2NPOE + D2EHPA ; **(G)** TAC + 2NPOE + Aliquat 336 ; **(H)** PVC +2-NPOE + Aliquat 336.

III-4. Analyses par diffraction des RX (DRX)

Les résultats des analyses DRX (figure III-28) montrent que tous les spectres sont identiques et qu'ils présentent un seul maximum situé approximativement à 20°. Cette bande est caractéristique des polymères amorphes. Ceci signifie qu'aucune espèce cristalline n'est formée dans la membrane.

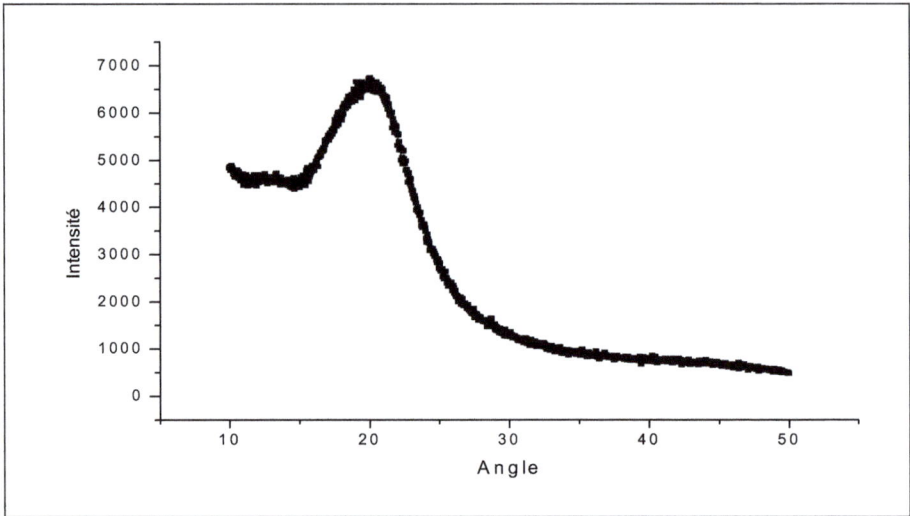

Figure III-28: Spectre DRX des membranes polymères à base de TAC

Les images obtenues par microscopie électronique à balayage (MEB) (figure III-24 (F)), montrent la formation d'agrégats dans la membrane après utilisation. Cela nous a amené à rechercher la nature de ces amas.

La caractérisation aux RX de cette membrane contenant le D2EHPA à la concentration optimale (27,9 μmol/cm^2) après utilisation (figure III-29), montre bien l'apparition de pics à environ 30° sur le spectre de la membrane comparé à celui obtenu pour la membrane contenant le transporteur avant utilisation. Cela indique donc que les agrégats formés à la surface de la MPI sont de nature cristalline ; il s'agit éventuellement du complexe Cd-D2EHPA qui se forme dans la membrane.

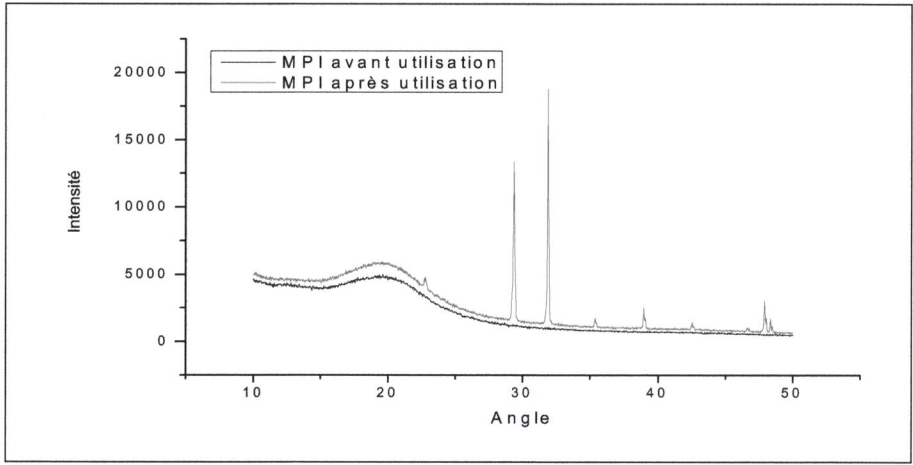

Figure III-29 : Comparaison des spectres de DRX des MPI contenant :
TAC+ 2NPOE + D2EHPA (avant et après utilisation).

III-5. Conclusion

Des résultats de caractérisation obtenus, nous pouvons conclure que :

➢ Les différents composants des MPI sont liés entre eux seulement par des liaisons faibles du type Van Der Waals.

➢ La particularité du thermogramme de la MPI contenant le D2EHPA, semble indiquer l'existence d'un autre type d'interactions entre les composants de cette membrane (liaisons hydrogène) ou d'un état particulier de confinement par les chaînes de polymère.

➢ Les images MEB caractérisant les membranes après ajout du transporteur acide (D2EHPA) montrent l'apparition d'une certaine forme de pores, alors que l'addition de l'Aliquat 336 confère à la membrane un aspect paraissant fripé. Cette évolution dans la morphologie de ces membranes nous laisse supposer que l'ajout du transporteur crée à l'intérieur de la MPI un certain type de chemins entre les chaînes polymères, qui facilite le transport des entités complexes, par diffusion.

CONCLUSION GÉNÉRALE

L'objectif de ce travail de thèse a été d'élaborer des membranes d'affinité (membranes liquides supportées (MLS) et membranes polymères à inclusion (MPI)) contenant des complexants spécifiques pour le traitement de milieux liquides chargés en ions métalliques toxiques. Les technologies à membranes et les procédés de traitement associés représentent à l'heure actuelle des moyens pertinents pour le traitement de milieux pollués dans le cadre de la protection de l'environnement, mais aussi pour la valorisation des déchets dont les performances et l'applicabilité en substitution à d'autres procédés plus conventionnels doivent être bien évaluées. C'est un des enjeux de ce travail, au delà de la connaissance des mécanismes de transport de métaux par les membranes d'affinité développées au cours de la thèse, les propriétés complexantes de deux complexants issus de deux classes différentes ; le D2EHPA (complexant acide) et l'Aliquat 336 (complexant basique), ont été étudiées.

Les paramètres qui affectent l'efficacité du transport à travers ces membranes d'affinité et qui sont pour une large part les compositions des trois phases (source, réceptrice et membranaire), ont été expérimentés.

L'extraction liquide-solide a été aussi réalisée dans le but d'obtenir des renseignements supplémentaires sur la stœchiométrie des complexes résultant de l'association du métal et du transporteur formés à l'interface solution aqueuse-membrane.

Les MPI ont été élaborées en suivant un protocole précédemment décrit dans la littérature, les MLS quant à elles, ayant été préparées par la méthode d'imbibition par immersion.

Afin de se rapprocher des caractéristiques structurales de ces membranes et de corréler les observations expérimentales de flux à l'organisation des systèmes, nous avons employé les techniques d'étude de structure les plus classiquement utilisées qui sont : l'IR, la MEB, l'ATG et la diffraction des RX. Ces caractérisations avaient pour objet l'investigation des différentes interactions envisageables entre les trois constituants de la membrane, c'est à dire la recherche sur le plan structural de points qui auraient pu être éventuellement communs aux deux types de membranes étudiés (MLS et MPI).

Les résultats de caractérisation de ces membranes supposent que les interactions intermoléculaires entre leurs différents constituants sont assez faibles (forces physiques). Cependant, l'observation particulière du thermogramme de la MPI à base de TAC contenant le D2EHPA, indique l'existence d'interactions intermoléculaires particulières entre les différents constituants de la membrane dans ce cas(liaisons hydrogène) ou d'un état particulier de confinement par les chaînes de polymère.

Les expériences d'extraction liquide-solide ont montré que le Cd(II) et le Cr(VI) s'associent au complexant considéré selon des spéciations qui dépendent de la composition de la phase aqueuse d'alimentation et de la nature du complexant utilisé.

Concernant la comparaison des résultats obtenus pour le transport facilité des ions Cd(II) avec les MLS et les MPI, des différences assez marquées ont été mises en évidence. Par exemple avec les MLS et des MPI contenant le même transporteur acide (D2EHPA) des flux de transport comparables ont été atteints (2,27 $\mu mol.m^{-2}.s^{-1}$ et 2,58 $\mu mol.m^{-2}.s^{-1}$ pour la MLS et la MPI respectivement), mais pour une teneur en D2EHPA 26 fois plus grande dans le cas de la MLS.

Pour le transport des ions Cr(VI), le rendement d'extraction obtenu avec la MLS a été seulement de 15 %, alors qu'avec la MPI une efficacité d'extraction de 88 % a été atteinte avec la même quantité d'Aliquat 336 et en utilisant le même solvant qui est le 2-NPOE.

La comparaison des propriétés de transport du Cd (II) par les deux transporteurs contenus dans les MPI, basée sur deux mécanismes d'association distincts, a montré aussi des différences dans l'efficacité de transport. L'Aliquat 336 qui se coordonne avec l'espèce métallique suivant une spéciation du métal de type anionique paraît plus efficace. La sélectivité relative du transport du Cd (II) en mélange avec d'autres espèces métalliques comme le Pb (II) et Zn (II) est aussi en faveur de l'Aliquat 336 par comparaison avec le D2EHPA.

L'Aliquat 336 extrait le Cr(VI) d'une façon très efficace et une sélectivité presque idéale du transport du Cr(VI) se trouvant en mélange avec les espèces Cd(II), Zn(II), Co(II) et Ni(II), a été mise en évidence.

L'étude de l'effet de la nature chimique du polymère de base sur le transport de l'espèce Cr(VI) à travers des MPI contenant l'Aliquat 336 comme transporteur, a montré que les MPI à base de PVC de poids moléculaire (PM) = 80 000 g.mol^{-1} et à base de TAC PM = 74 000 g.mol^{-1} , donnent des efficacités de transport comparables : 87,9% et 87,7% pour les MPI à base de PVC et de TAC respectivement, à la concentration optimale de 5,5 µmol.cm^{-2} en Aliquat 336. Cependant, les MPI à base de TAC commencent à transporter le Cr(VI) à de très faibles concentrations de l'ordre de 0,6 µmol.cm^{-2}, alors que les MPI à base de PVC ne deviennent réellement fonctionnelles qu'au delà d'une concentration plus de deux fois supérieure (1,38 µmol.cm^{-2}).

Le poids moléculaire du polymère (PM) de base PVC a aussi un effet sur la qualité des MPI élaborées et sur leur efficacité de transport ionique. Un faible PM donne lieu à des membranes plus efficaces pour l'extraction mais qui sont mécaniquement plus fragiles, ce qui limiterait malheureusement leur intérêt dans une perspective d'utilisation pratique de caractère industriel.

Le 2-NPOE est apparu comme étant le plastifiant de choix pour l'élaboration des MPI à une teneur de l'ordre de 4,9 mg.cm^{-2}.

Du point de vue de la stabilité des membranes qui est comme souligné à maintes reprises un critère important de sélection d'une membrane en vue de sa mise en œuvre dans un procédé séparatif, cette recherche a fait apparaître que les

MPI à base de TAC s'avèrent plus stables et présentent une durée de vie très améliorée, en comparaison des MLS, dans le cas du transport facilité des ions Cd(II) (12 cycles d'utilisation sans aucune diminution du flux de transport).

Concernant le transport du Cr(VI), les résultats sont moins bons. La MPI à base de PVC perd 50% de son efficacité après une seule utilisation. La MPI à base de TAC est un peu plus stable, les deux premiers cycles d'utilisation n'ayant fait apparaître aucune altération du flux de transport, mais malheureusement suivis d'une perte d'efficacité de 30% à la fin du $3^{\text{ème}}$ cycle et de 50% au bout du $5^{\text{ème}}$ cycle.

Pour conclure d'un point de vue général, la mise en évidence d'une stabilité améliorée des MPI en regard des membranes à liquide supporté, assortie d'un maintien de l'efficacité du transport d'ions, sont certainement les éléments les plus pertinents apportés par cette étude.

La formule de membranes polymères à inclusions fait apparaître dans des conditions de concentration relatives bien choisies entre le polymère et le transporteur, une plage de fonctionnement où à la fois un gain en efficacité et en stabilité sont obtenus.

Cependant, ce travail a montré aussi les limites de ce type de membrane comme alternative aux membranes liquides supportées, en termes de réutilisation de ces membranes. En effet dans le cas du transport du Cr(VI) malgré leur efficacité élevée et leur sélectivité appropriée les membranes polymères à inclusions se prêtent peu à une utilisation sur la durée.

Ceci démontre que dans ce domaine du génie des procédés, les études physicochimiques préalables de caractérisation des membranes sont incontournables pour décider de la pertinence d'un procédé à membrane et que des lois générales de comportement sont très difficiles à obtenir, chaque cas d'application semblant devoir être considéré comme un cas en soi dont les performances pour un type de séparation donné doivent être évaluées.

RÉFÉRENCES BIBLIOGRAPHIQUES

[1] G. Daufin, F. Rene, P. Aimar, *Les séparations par membrane dans les procédés de l'industrie alimentaire*, Ed. Lavoisier Tec & Doc. (1998).

[2] H. Strathmann, L. Giorno, E. Drioli, *An Introduction to Membrane Science and Technology*, Consiglio Nazionale Delle Ricerche, Roma. (2006).

[3] S.Cerneaux, *Matériaux hybrides auto-organisés fonctionnels à complexant macrocyclique et fonction urée pour la réalisation de membranes à transport facilité. Etude du transport de solutés biologiques.* Thèse de Doctorat (2003) Université Montpellier II (France).

[4] H.A. Santos, *Improving the biomimetic properties of liquid/liquid interfaces: Electrochemical and Physicochemical characterisation.* Thèse de Doctorat (2007) Helsinki University of Technology.

[5] L. Hernández-Cruz, G. T. Lapidus, F. Carrillo-Romo, *Modelling of nickel permeation through a supported liquid membrane.* Hydrometallurgy 48 (1998) 265-276.

[6] I. Van de Voorde , L. Pinoy, R. F. De Ketelaere, *Recovery of nickel ions by supported liquid membrane (SLM) extraction.* Journal of Membrane Science 234 (2004) 11-21.

[7] M. Akhond, M. Shamsipur, *Specific uphill transport of Cd^{2+} ion by a cooperative carrier composed of aza-18-crown-6 and palmitic acid.* Journal of Membrane Science 117 (1996) 221-226.

[8] H.-J. Buschmann, L. Mutihac, *Complexation, liquid–liquid extraction and transport through a liquid membrane of protonated peptides using crown ethers.* Analytica chimica Acta 466 (2002) 101-108.

[9] T. Oshima, K. Inoue, S. Furusaki, M. Goto, *Liquid membrane transport of amino acids by a calix[6]arene carboxylic acid derivative.* Journal of Membrane Science 217 (2003) 87-97.

151

[10] J.Hadaoui, *Propriétés complexantes, extractantes et de transport des calix[4]arènes couronnes diamides en conformation cône vis-à-vis des cations alcalins.* Thèse de Doctorat (2004) Université Louis Pasteur de Strasbourg (France).

[11] R. Tayeb, *Membrane d'affinité pour la récupération de métaux à partir de milieux aqueux: étude comparée de l'efficacité et des mécanismes de transport de membranes à liquides supportés (MLS) et de membranes polymères plastifiés (MPP).* Thèse de Doctorat (2005) Université Montpellier II (France).

[12] M. Shamsipur, M. H. Mashhadizadeh, G. Azimi, *Highly selective and efficient transport of mercury(II) ions across a bulk liquid membrane containing tetrathia-12- crown-4 as a specific ion carrier.* Separation and Purification Technology 27 (2002) 155-161.

[13] N. Alizadeh, S. Salimi, A. Jabbari, *Transport study of palladium through a bulk liquid membrane using hexadecylpyridinium as carrier.* Separation and Purification Technology 28 (2002) 173-180.

[14] M. H. Mashahadizadeh, R. Mohyaddini, M. Shamsipur, *Selective and efficient liquid membrane transport of Au(III) by tetrathia-12-crown-4 as a specific carrier.* Separation and Purification Technology 39 (2004) 161 – 166.

[15] A. Safavi, S. Rastegarzadeh, *Selective and efficient uphill transport of Cu(II) through liquid membrane.* Talanta 42 (1995) 2039-2042.

[16] J. S. Kim, M. H. Cho, J. H. Cho, J. H. Lee, R. A. Bartsch, Y. I. Lee, I. H. Kim, *Metal ion complexation by acyclic polyethers with lipophilic amide, thioamide, and amine end groups.* Talanta 51 (2000) 99-105.

[17] S. Altin, N. Demircioglu, I. Peker, A. Altin, *Effects of acceptor phase and donor phase properties on sodium ions transport from aqueous solutions using liquid membrane systems.* Colloids and Surfaces A: Physicochemical and Engineering Aspects 308 (2007) 14-21.

[18] C. Aydiner, M. Kobya, E. Demirbas, Cyanide ions transport from aqueous solutions by using quaternary ammonium salts through bulk liquid membranes. Desalination 180 (2005) 139-150.

[19] M. Ma , B. Chen , X. Luo , H. Tan , D. He , Q. Xie, S. Yao, *Study on the transport selectivity and kinetics of amino acids through di(2-ethylhexyl) phosphoric acid-kerosene bulk liquid membrane.* Journal of Membrane Science 234 (2004) 101-109.

[20] Y. Nishii, T. Kinugasa, S. Nii, K. Takahashi, *Transport behaviour of protein in bulk liquid membrane using reversed micelles.* Journal of Membrane Science 195 (2002) 11-21.

[21] P. R. Patnaik, *Liquid emulsion membranes: Principles, problems and applications in fermentation processes.* Biotechnology Advances 13 (1995) 175-208.

[22] A. Bhowal, S. Datta, *Studies on transport mechanism of Cr(VI) extraction from an acidic solution using liquid surfactant membranes.* Journal of Membrane Science 188 (2001) 1-8.

[23] Q. Li, Q. Liu, X.Wei, *Separation study of mercury through an emulsion liquid membrane.* Talanta 43 (1996) 1837-1842.

[24] T. Kakoi, T. Nishiyori, T. Oshima, F. Kubota, M. Goto, S. Shinkai, F. Nakashio, *Extraction of rare-earth metals by liquid surfactant membranes containing a novel cyclic carrier.* Journal of Membrane Science 136 (1997) 261-271.

[25] M. S. El Sayed, *Uranium extraction from gattar sulfate leach liquor using aliquat-336 in a liquid emulsion membrane process.* Hydrometallurgy 68 (2003) 51-56.

[26] P. Dzygiel, P. Wieczorek, *Extraction of amino acids with emulsion liquid membranes using industrial surfactants and lecithin as stabilisers.* Journal of Membrane Science 172 (2000) 223-232.

[27] H. Habaki, R. Egashira, G. W. Stevens, J. Kawasaki, *A novel method improving low separation performance for W/O/W ELM permeation of erythromycin.* Journal of Membrane Science 208 (2002) 89-103

[28] C. Hill, J-F. Dozol, H. Rouquette, S. Eymard, B. Tournois, *Study of the stability of some supported liquid membranes*. Journal of Membrane Science 114 (1996) 73-80.

[29] P. Danesi, *Separation of metal species by supported liquid membranes*. Separation Science and Technology 19 (1984) 857-894.

[30] G. Benzal, A. Kumar, A. Deshams, A.M. Sastre, *Mathematical modelling and simulation of co-transport phenomena through flat sheet supported liquid membrane*. Hydrometallurgy 74 (2004) 117-130.

[31] H. C. Visser, F. de Jong, D. N. Reinhoudt, *Kinetics of carrier-mediated alkali cation transport through supported liquid membranes: Effect of membrane solvent, co- transported anion, and support*. Journal of Membrane Science 107 (1995) 267-276.

[32] A. Gherrou, H. Kerdjoudj, *Removal of gold as $Au(Tu)_2^+$ complex with a supported liquid membrane containing macrocyclic polyethers ligands as carrier*. Desalination 144 (2002) 231-236.

[33] C. Fontàs, E. Anticó, V. Salvadó, M. Valiente, M. Hidalgo, *Chemical pumping of rhodium by a supported liquid membrane containing Aliquat 336 as carrier*. Analytica Chimica Acta 346 (1997) 199-206.

[34] J. Fu, S. Nakamura, K. Akiba, *Selective transport of platinum (IV) from a palladium (II) mixture across a liquid membrane impregnated with an 8-quinolinol derivative*. Journal of Membrane Science 107 (1995) 283-288.

[35] E. Lachowicz, B. Ró a ska, F Teixidor, H. Meliani, M. Barboiu, N. Hovnanian, *Comparison of sulphur and sulphur–oxygen ligands as ionophores for liquid–liquid extraction and facilitated transport of silver and palladium*. Journal of Membrane Science 210 (2002) 279-290.

[36] J. S. Gill, H. Singh, C. K. Gupta, *Studies on supported liquid membrane for simultaneous separation of Fe (III), Cu (II) and Ni (II) from dilute feed*. Hydrometallurgy 55 (2000) 113-116.

[37] F. J. Alguacil, M. Alonso, *Iron(III) transport using a supported liquid membrane containing Cyanex 921*. Hydrometallurgy 58 (2000) 81-88.

[38] L. Canet, P. Seta, *Extraction and separation of metal cations in solution by supported liquid membrane using Lasalocid A as carrier*. Pure and Applied Chemistry 73 (2001) 2039-2046.

[39] M. E. Campderrós, J. Marchese, *Transport of niobium(V) through a TBP–Alamine 336 supported liquid membrane from chloride solutions*. Hydrometallurgy 61 (2001) 89-95.

[40] F. J. Alguacil, *Mechanistic study of active transport of copper(II) from ammoniacal/ammonium carbonate medium using LIX 973N as a carrier across a liquid membrane*. Hydrometallurgy 61 (2001) 177-183.

[41] F. J. Alguacil , S. Martínez, *Solvent extraction of Zn(II) by Cyanex 923 and its application to a solid-supported liquid membrane system*. Journal of Chemical Technology and Biotechnology 76 (2001) 298-302.

[42] C. Basualto, J. Marchese, F. Valenzuela, A. Acosta, *Extraction of molybdenum by a supported liquid membrane method*. Talanta 59 (2003) 999-1007.

[43] A. Gherrou, H. Kerdjoudj, *Cyanide as copper leaching agent for the mediation of fouling of supported liquid membrane by formamidine disulphide in thiourea medium*. Desalination 158 (2003) 195-200.

[44] N.-E. Belkhouche, M. A. Didi, R. Romero, J. Jönssonand, D. Villemin, *Study of new organophosphorus derivates carriers on the selective recovery of M (II) and M (III) metals*, using supported liquid membrane extraction. Journal of Membrane Science 284 (2006) 398-405.

[45] J. K. Kim, J. S. Kim, Y. G. Shul, K. W. Lee, W. Z. Oh, *Selective extraction of cesium ion with calix[4]arene crown ether through thin sheet supported liquid membranes*. Journal of Membrane Science 187 (2001) 3-11.

[46] M. Teramoto, S. S. Fu, K. Takatani, N. Ohnishi, T. Maki, T. Fukui, K. Arai, *Treatment of simulated low level radioactive wastewater by supported liquid membranes: uphill transport of Ce(III) using CMPO as carrier*. Separation and Purification Technology 18 (2000) 57-69.

[47] K. R. Chitra, A. G. Gaikwad, G. D. Surender, A. D. Damodaran, *Studies on ion transport of some rare earth elements through solvating extractants immobilised on supported liquid membrane.* Journal of Membrane Science 125 (1997) 257-268.

[48] P. Wieczorek, J.Å. Jönssonand , L. Mathiasson, *Concentration of amino acids using supported liquid membranes with di-2-ethylhexyl phosphoric acid as a carrier.* Analytica Chimica Acta 346 (1997) 191-197.

[49] P. Dzygiel, P. Wieczorek, L. Mathiasson, J. A. Jönsson, *Enrichment of Amino Acids by Supported Liquid Membrane Extraction Using Aliquat 336 as a Carrier.* Analytical Letters 31 (1998) 1261-1274.

[50] T. Rhlalou, M. Ferhat, M. A. Frouji, D. Langevin, M. Métayer, J. F. Verchère, *Facilitated transport of sugars by a resorcinarene through a supported liquid membrane.* Journal of Membrane Science 168 (2000) 63-73.

[51] M. Di Luccio, B. D. Smith, T. Kida, T. L. M. Alves, C. P. Borges, *Evaluation of flat sheet and hollow fiber supported liquid membranes for fructose pertraction from a mixture of sugars.* Desalination 148 (2002) 213-220.

[52] C. Rios, V. Salvadó, M. Hidalgo, *Facilitated transport and preconcentration of the herbicide glyphosate and its metabolite AMPA through a solid supported liquid- membrane.* Journal of Membrane Science 203 (2002) 201-208.

[53] A. C. Ghosh, S. Borthakur, M. K. Roy, N. N. Dutta, *Extraction of cephalosporin C using supported liquid membrane.* Separation Technology 5 (1995) 121-126.

[54] A. J. B. Kemperman, D. Bargeman, Th. Van Den Boomgaard, H. Strathmann, *Stability of Supported Liquid Membranes: State of the Art.* Separation Science and Technology 31 (1996) 2733-2762.

[55] *Handbook of Industrial Membrane Technology.* Edited by Mark C. Porter NOYES PUBLICATIONS, Westwood, New Jersey, U.S.A. Copyright by Noyes Publications,1990.

[56] A. J. B. Kemperman, H. H. M. Rolevink, D. Bargeman, Th. van den Boomgaard, H. Strathmann, *Stabilization of supported liquid membranes by interfacial polymerization top layers.* Journal of Membrane Science 138 (1998) 43-55.

[57] M. C. Wijers, M. Jin, M. Wessling, H. Strathmann, *Supported liquid membranes modification with sulphonated poly(ether ether ketone): Permeability, selectivity and stability.* Journal of Membrane Science 147 (1998) 117-130.

[58] X.-J. Yang, T. Fane, *Effect of membrane preparation on the lifetime of supported liquid membranes.* Journal of Membrane Science 133 (1997) 269-273.

[59] M. Teramoto, Y Sakaida, S. S. Fu, N. Ohnishi, H. Matsuyama, T. Maki, T. Fukui, K. Arai, *An attempt for the stabilization of supported liquid membrane.* Separation and Purification Technology 21 (2000) 137-144.

[60] R. Fortunato, C. A. M. Afonso, M. A. M. Reis, J. G. Crespo, *Supported liquid membranes using ionic liquids: study of stability and transport mechanisms.* Journal of Membrane Science 242 (2004) 197-209.

[61] A. Figoli, W. F. C. Sager, M. H. V. Mulder, *Facilitated oxygen transport in liquid membranes: review and new concepts.* Journal of Membrane Science 181 (2001) 97-110.

[62] X. J. Yang, A. G. Fane, J. Bi, H. J. Griesser, *Stabilization of supported liquid membranes by plasma polymerization surface coating.* Journal of Membrane Science 168 (2000) 29-37.

[63] M. Sugiura, M. Masayoh-Kikkawa, S. Urita, *Effect of plasticizer on carrier-mediated transport of zinc ion through cellulose triacetate membranes.* Separation Science and Technology 22 (1987) 2263.

[64] M.-F. Paugam, J. Buff, *Comparison of carrier-facilitated copper (II) ion transport mechanism in supported liquid membrane and in plasticized cellulose triacetate membrane.* Journal of Membrane Science 147 (1998) 207-215.

[65] O. Arous, H. Kerdjoudj, P. Seta, *Comparison of carrier-facilitated silver(I) and copper(II) ions transport mechanism in supported liquid membrane and in plasticized cellulose triacetate membrane.* Journal of Membrane Science 241 (2004) 177-185.

[66] P. Lacan, C. Guizard, P. Le Gall, D. Wettling, L. Cot, *Facilitated transport of ions through fixed-site carrier membranes derived from hybrid organic-inorganic materials.* Journal of Membrane Science 100 (1995) 99-109.

[67] K. L. Thunhorst, R. D. Noble, C. N. Bowman, *Properties of the transport of alkali metal salts through polymeric membranes containing benzo-18-crown-6 crown ether functional groups.* Journal of Membrane Science 156 (1999) 293-302.

[68] B. J. Elliott, W. B. Willis, C. N. Bowman, *Pseudo-crown ethers as fixed site carriers in facilitated transport membranes.* Journal of Membrane Science 168 (2000) 109-119.

[69] K. L. Thunhorst, R. D. Noble, C. N. Bowman, *Transport of ionic species through functionalized poly(vinylbenzyl chloride) membranes.* Journal of Membrane Science 128 (1997) 183-193.

[70] J. H. Kim, B. R. Min, H. S. Kim, J. Won, Y. S. Kang, *Facilitated transport of ethylene across polymer membranes containing silver salt: effect of HBF_4 on the photoreduction of silver ions.* Journal of Membrane Science 212 (2003) 283-293.

[71] S. Hess, G. Scharfenberger, C. Staudt-Bickel , R. N. Lichtenthaler, *Propylene/propane separation with copolyimides containing benzo-15-crown-5-ether to incorporate silver ions.* Desalination 145 (2002) 359-364.

[72] J. A. Calzado, C. Palet, M. Valiente, *Facilitated transport and separation of aromatic amino acids through activated composite membranes.* Analytica Chimica Acta 431 (2001) 59-67.

[73] O. Villamo, C. Barboiu, M. Barboiu, W. Yau-Chun-Wan, N. Hovnanian, *Hybrid organic–inorganic membranes containing a fixed thio ether complexing agent for the facilitated transport of silver versus copper ions.* Journal of Membrane Science 204 (2002) 97-110.

[74] M. Barboiu, C. Guizard, N. Hovnanian, J. Palmeri, C. Reibel, L. Cot, C. Luca, *Facilitated transport of organics of biological interest I. A new alternative for the separation of amino acids by fixed-site crown-ether polysiloxane membranes.* Journal of Membrane Science 172 (2000) 91-103.

[75] G. O. Yahaya, B. J. Brisdon, R. England. E. Z. Hamad, *Analysis of carrier-mediated transport through supported liquid membranes using functionalized polyorganosiloxanes as integrated mobile/fixed-site carrier systems.* Journal of Membrane Science 172 (2000) 253-268.

[76] M. Barboiu, C. Guizard, C. Luca, N. Hovnanian, J. Palmeri, L. Cot, *Facilitated transport of organics of biological interest II. Selective transport of organic acids by macrocyclic fixed site complexant membranes.* Journal of Membrane Science 174 (2000) 277-286.

[77] F. J. Alguacil, *Facilitated transport and separation of manganese and cobalt by a supported liquid membrane using DP-8R as a mobile carrier.* Hydrometallurgy 65 (2002) 9-14.

[78] H. Singh, R. Vijayalakshmi, S. L. Mishra, C. K. Gupta, *Studies on uranium extraction from phosphoric acid using di-nonyl phenyl phosphoric acid-based synergistic mixtures.* Hydrometallurgy 59 (2001) 69-76.

[79] K. Sarangi, R. P. Das, *Separation of copper and zinc by supported liquid membrane using TOPS-99 as mobile carrier.* Hydrometallurgy 71 (2004) 335-342.

[80] H. Singh , S. L. Mishra, R. Vijayalakshmi, *Uranium recovery from phosphoric acid by solvent extraction using a synergistic mixture of di-nonyl phenyl phosphoric acid and tri-n-butyl phosphate.* Hydrometallurgy 73 (2004) 63-70.

[81] J. C. Aguilar, M. Sánchez-Castellanos, E. Rodríguez de San Miguel, J. de Gyves, *Cd(II) and Pb(II) extraction and transport modeling in SLM and PIM systems using Kelex 100 as carrier.* Journal of Membrane Science 190 (2001) 107-118.

[82] A. A. Kalachev, L. M. Kardivarenko, N. A. Platé, V. V. Bagreev, *Facilitated diffusion in immobilized liquid membranes: experimental verification of the "jumping" mechanism and percolation threshold in membrane transport.* Journal of Membrane Science 75 (1992) 1-5.

[83] J. Marchese , F. Valenzuela , C. Basualto, A. Acosta, *Transport of molybdenum with Alamine 336 using supported liquid membrane.* Hydrometallurgy 72 (2004) 309-317.

[84] E. Castillo, M. Granados, J. L. Cortina, *Liquid-supported membranes in chromium(VI) optical sensing: transport modelling.* Analytica Chimica Acta 464 (2002) 197-208.

[85] F. J. Alguacil, M. Alonso, *Transport of Au(CN)$_2^-$ across a supported liquid membrane using mixtures of amine Primene JMT and phosphine oxide Cyanex 923.* Hydrometallurgy 74 (2004) 157-163.

[86] A. K. Pandey, M. M. Gautam, J. P. Shukla, R. H. Iyer, *Effect of pore characteristics on carrier-facilitated transport of Am(III) across track-etched membranes.* Journal of Membrane Science 190 (2001) 9-20.

[87] P.K. Mohapatra, D.S. Lakshmi, V.K. Manchanda, *Diluent effect on Sr(II) extraction using di-tert-butyl cyclohexano 18 crown 6 as the extractant and its correlation with transport data obtained from supported liquid membrane studies.* Desalination 198 (2006) 166-172.

[88] A. Zaghbani, R. Tayeb, M. Dhahbi, M. Hidalgo, F. Vocanson, I. Bonnamour, P. Seta, C. Fontàs, *Selective thiacalix[4]arene bearing three amide groups as ionophore of binary Pd(II) and Au(III) extraction by a supported liquid membrane system.* Separation and Purification Technology 57 (2007) 374-379.

[89] A. M. Costero, J. P. Villarroya, S. Gil, M. J. Aurell, M. C. Ramirez de Arellano, *Crown ethers derived from cyclohexane. Influence of their stereochemistry in complexation and transport.* Tetrahedron 58 (2002) 6729-6734.

[90] K. M. White, B. D. Smith, P. J. Duggan, S. L. Sheahan, E. M. Tyndall, *Mechanism of facilitated saccharide transport through plasticized cellulose triacetate membranes.* Journal of Membrane Science 194 (2001) 165-175.

[91] S. C. Lee, R. M. Izatt, X. X. Zhang, E. G. Nelson, J. D. Lamb, P. B. Savage, J. S. Bradshaw, *Highly selective copper(II) ion receptors: tetraazacrown ethers bearing two 8- hydroxyquinoline side arms.* Inorganica Chimica Acta 317 (2001) 174-180.

[92] M. Ashraf Chaudry, N. Bukhari, M. Mazhar, W. Abbasi, *Coupled transport of chromium(III) ions across triethanolamine/cyclohexanone based supported liquid membranes for tannery waste treatment.* Separation and Purification Technology 55 (2007) 292-299.

[93] P. Venkateswaran, K. Palanivelu, *Recovery of phenol from aqueous solution by supported liquid membrane using vegetable oils as liquid membrane.* Journal of Hazardous Materials 131 (2006) 146-152.

[94] P. Venkateswaran, A. Navaneetha Gopalakrishnan, K. Palanivelu, *Di(2- ethylhexyl)phosphoric acid-coconut oil supported liquid membrane for the separation of copper ions from copper plating wastewater.* Journal of Environmental Sciences 19 (2007) 1446-1453.

[95] F. J. Alguacil, S. Martínez, *Permeation of iron(III) by an immobilised liquid membrane using Cyanex 923 as mobile carrier.* Journal of Membrane Science 176 (2000) 249-255.

[96] F. J. Alguacil, A. G. Coedo, M. T. Dorado, I. Padilla, *Phosphine oxide mediate transport: modelling of mass transfer in supported liquid membrane transport of gold (III) using Cyanex 923.* Chemical Engineering Science 56 (2001) 3115-3122.

[97] B. Swain, J. Jeong, J.-C. Lee, G.-H. Lee, *Extraction of Co(II) by supported liquid membrane and solvent extraction using Cyanex 272 as an extractant: A comparison study.* Journal of Membrane Science 288 (2007) 139-148.

[98] N.-K. Djane, K. Ndung'u, C. Johnsson, H. Sartz, T. Tornstrom, L. Mathiasson, *Chromium speciation in natural waters using serially connected supported liquid membranes.* Talanta 48 (1999) 1121-1132.

[99] B. Zhang, G. Gozzelino, *Facilitated transport of Fe(III) and Cu(II) ions through supported liquid membranes.* Colloids and Surfaces A: Physicochemical and Engineering Aspects 215 (2003) 67-76.

[100] R.-S. Juang, H.-C. Kao, W.-H. Wu, *Analysis of liquid membrane extraction of binary Zn(II) and Cd(II) from chloride media with Aliquat 336 based on thermodynamic equilibrium models.* Journal of Membrane Science 228 (2004) 169-177.

[101] N. Aouad, G. Miquel-Mercier, E. Bienvenüe, E. Tronel-Peyroz, G. Jeminet, J. Juillard, P. Seta, *Lasalocid (X537A) as a selective carrier for Cd(II) in supported liquid membranes.* Journal of Membrane Science 139 (1998) 167-174.

[102] F. J. Alguacil, A. G. Coedo, M. T. Dorado, *Transport of chromium (VI) through a Cyanex 923–xylene flat-sheet supported liquid membrane.* Hydrometallurgy 57 (2000) 51-56.

[103] A. Gherrou, H. Kerdjoudj, *Specific membrane transport of silver and copper as $Ag(CN)_3^{2-}$ and $Cu(CN)_4^{3-}$ ions through a supported liquid membrane using K^+-crown ether as a carrier.* Desalination 151 (2002) 87-94.

[104] G. Argiropoulos, R. W. Cattrall, I. C. Hamilton, S. D. Kolev, R. Paimin, *The study of a membrane for extracting gold(III) from hydrochloric acid solutions.* Journal of Membrane Science 138 (1998) 279-285.

[105] L. D. Nghiem, P. Mornane, I. D. Potter, J. M. Perera, R. W. Cattrall, S. D. Kolev, *Extraction and transport of metal ions and small organic compounds using polymer inclusion membranes (PIMs).* Journal of Membrane Science 281 (2006) 7-41.

[106] J. A. Riggs, B. D. Smith, *Facilitated Transport of Small Carbohydrates through Plasticized Cellulose Triacetate Membranes. Evidence for Fixed-Site Jumping Transport Mechanism.* Journal of the American Chemical Society 119 (1997) 2765-2766.

[107] A. J. Schow, R. T. Peterson, J. D. Lamb, *Polymer inclusion membranes containing macrocyclic carriers for use in cation separations.* Journal of Membrane Science 111 (1996) 291-295.

[108] J. S. Kim, S. K. Kim, J. W. Ko, E.T. Kim, S. H. Yu, M. H. Cho, S. G. Kwon, E.H. Lee, *Selective transport of cesium ion in polymeric CTA membrane containing calixcrown ethers.* Talanta 52 (2000) 1143-1148.

[109] J. S. Kim, S. K. Kim, M. H. Cho, S. H. Lee, J. Y. Kim, S.-G. Kwon, E.-H. Lee, *Permeation of Silver Ion through Polymeric CTA Membrane Containing Acyclic Polyether Bearing Amide and Amine End-Group.* Bulletin of the Korean Chemical Society 22 (2001) 1076-1080.

[110] J. D. Lamb, A. Y. Nazarenko, *Lead(II) ion sorption and transport using polymer inclusion membranes containing tri-octylphosphine oxide.* Journal of Membrane Science 134 (1997) 255-259.

[111] J. S. Kim, S. H. Lee, S. H. Yu, M. H. Cho, D. W. Kim, S.-G. Kwon, E.-H. Lee, *Calix[6]arene Bearing Carboxylic Acid and Amide Groups in Polymeric CTA Membrane.* Bulletin of the Korean Chemical Society 23 (2002) 1085-1088.

[112] S. P. Kusumocahyo, T. Kanamori, K. Sumaru, S. Aomatsu, H. Matsuyama, M. Teramoto, T. Shinbo, *Development of polymer inclusion membranes based on cellulose triacetate: carrier-mediated transport of Cerium (III).* Journal of Membrane Science 244 (2004) 251-257.

[113] S. D. Kolev, Y. Sakai, R. W. Cattrall, R. Paimin, I. D. Potter, *Theoretical and experimental study of palladium(II) extraction from hydrochloric acid solutions into Aliquat 336/PVC membranes.* Analytica Chimica Acta 413 (2000) 241-246.

[114] S. D. Kolev, G. Argiropoulos, R. W. Cattrall, I. C. Hamilton, R. Paimin, *Mathematical modelling of membrane extraction of gold (III) from hydrochloric acid solutions.* Journal of Membrane Science 137 (1997) 261-269.

[115] A. H. Blitz-Raith, R. Paimin, R. W. Cattrall, S. D. Kolev, *Separation of cobalt(II) from nickel(II) by solid-phase extraction into Aliquat 336 chloride immobilized in poly(vinyl chloride).* Talanta 71 (2007) 419-423.

[116] J. S. Gardner, J. O. Walker, J. D. Lamb, *Permeability and durability effects of cellulose polymer variation in polymer inclusion membranes.* Journal of Membrane Science 229 (2004) 87-93.

[117] E. Malinowska, L. Gawart, P. Parzuchowski, G. Rokicki, Z. Brzózka, *Novel approach of immobilization of calix[4]arene type ionophore in 'self-plasticized' polymeric membrane.* Analytica Chimica Acta 421 (2000) 93-101.

[118] R. Tripathi, A. K. Pandey, S. Sodaye, B. S. Tomar, S. B. Manohar, S. Santra, K. Mahata, P. Singh, S. Kailas, *Backscattering spectrometry studies on metal ion distribution in polymer inclusion membranes.* Nuclear Instruments and Methods in physical Research B211 (2003) 138-144.

[119] A. Gherrou, H. Kerdjoudj, R. Molinari, P. Seta, *Preparation and characterization of polymeric plasticized membranes (PPM) embedding a crown ether carrier application to copper ions transport.* Materials Science and Engineering: C25 (2005) 436-443.

[120] J. D. Lamb, A.Y. Nazarenko, J. Uenishi, H. Tsukube, *Silver(I) ion-selective transport across polymer inclusion membranes containing new pyridino- and bipyridino- podands.* Analytica Chimica Acta 373 (1998) 167-173.

[121] M. Matsumoto, T. Takagi, K. Kondo, *Separation of lactic acid using polymeric membrane containing a mobile carrier.* Journal of Fermentation and Bioengineering 85 (1998) 483-487.

[122] E. Rodríguez de San Miguel, A. V. Garduño-García, J. C. Aguilar, J. de Gyves, *Gold(III) Transport through Polymer Inclusion Membranes: Efficiency Factors and Pertraction Mechanism Using Kelex 100 as Carrier.* Industrial Engineering Chemical Research 46 (2007) 2861 -2869.

[123] J. S. Kim, S. H. Yu, M. H. Cho, O. J. Shon, J. A. Rim, S. H. Yang, J. K. Lee, S. J. Lee, *Calix[4]azacrown Ethers in Polymeric CTA Membrane.* Bulletin of the Korean Chemical Society 22 (2001) 519-522.

[124] G. Salazar-Alvarez, A. N. Bautista-Flores, E. Rodríguez de San Miguel, M. Muhammed, J. de Gyves, *Transport characterisation of a PIM system used for the extraction of Pb(II) using D2EHPA as carrier.* Journal of Membrane Science 250 (2005) 247-257.

[125] J. de Gyves, A. M. Hernández-Andaluz, E. Rodríguez de San Miguel, *LIX®-loaded polymer inclusion membrane for copper(II) transport 2. Optimization of the efficiency factors (permeability, selectivity, and stability) for LIX® 84-I.* Journal of Membrane Science 268 (2006) 142-149.

[126] M. Ulewicz, K. Sadowska, J. F. Biernat, *Facilitated transport of Zn(II), Cd(II) and Pb(II) across polymer inclusion membranes doped with imidazole azocrown ethers.* Desalination 214 (2007) 352-364.

[127] M. Ulewicz, U. Lesinska, M. Bochenska, W. Walkowiak, *Facilitated transport of Zn(II), Cd(II) and Pb(II) ions through polymer inclusion membranes with calix[4]-crown-6 derivatives.* Separation and Purification Technology 54 (2007) 299-305.

[128] C. Fontàs, R. Tayeb, S. Tingry, M. Hidalgo, Patrick Seta, *Transport of platinum(IV) through supported liquid membrane (SLM) and polymeric plasticized membrane (PPM).* Journal of Membrane Science 263 (2005) 96-102.

[129] J. S. Gardner, Q. P. Peterson, J. O. Walker, B. D. Jensen, B. Adhikary, R. G. Harrison, J. D. Lamb, *Anion transport through polymer inclusion membranes facilitated by transition metal containing carriers.* Journal of Membrane Science 277 (2006) 165-176.

[130] M. Sugiura, *Effect of Quaternary Ammonium Salts on Carrier-Mediated Transport of Lanthanide Ions through Cellulose Triacetate Membranes.* Separation Science and Technology 28 (1993) 1453-1463.

[131] M. Sugiura, *Effect of Polyoxyethylene n-Alkyl Ethers on Carrier-Mediated Transport of Lanthanide Ions through Cellulose Triacetate Membranes.* Separation Science and Technology 27 (1992) 269-276.

[132] M. Resina, J. Macanás, J. de Gyves, M. Muñoz, *Zn(II), Cd(II) and Cu(II) separation through organic–inorganic Hybrid Membranes containing di-(2-ethylhexyl) phosphoric acid or di-(2-ethylhexyl) dithiophosphoric acid as a carrier.* Journal of Membrane Science 268 (2006) 57-64.

[133] R. Tayeb, C. Fontas, M. Dhahbi, S. Tingry, P. Seta, *Cd(II) transport across supported liquid membranes (SLM) and polymeric plasticized membranes (PPM) mediated by Lasalocid A.* Separation and Purification Technology 42 (2005) 189-193

[134] E. Rodríguez de San Miguel, J. C. Aguilar, J. de Gyves, *Structural effects on metal ion migration across polymer inclusion membranes: Dependence of transport profiles on nature of active plasticizer.* Journal of Membrane Science 307 (2008) 105-116.

[135] W. Walkowiak, R. A. Bartsch, C. Kozlowski, J. Gega, W. A. Charewicz, B. Amiri- Eliasi, *Separation and Removal of Metal Ionic Species by Polymer Inclusion Membranes.* Journal of Radioanalytical and Nuclear Chemistry 246 (2000) 643-650.

[136] A. Gherrou, H. Kerdjoudj, R. Molinari, P. Seta, E. Drioli, *Fixed sites plasticized cellulose triacetate membranes containing crown ethers for silver(I), copper(II) and gold(III) ions transport.* Journal of Membrane Science 228 (2004) 149-157.

[137] P. K. Mohapatra, P. N. Pathak, A. Kelkar, V. K. Manchanda, *Novel polymer inclusion membrane containing a macrocyclic ionophore for selective removal of strontium from nuclear waste solution.* New Journal of Chemistry 28 (2004) 1004 – 1009.

[138] J. C. Aguilar, E. Rodríguez de San Miguel, J. de Gyves, R. A. Bartsch, M. Kim, *Design, synthesis and evaluation of diazadibenzocrown ethers as Pb^{2+} extractants and carriers in plasticized cellulose triacetate membranes.* Talanta 54 (2001) 1195-1204.

[139] C. Fontàs, E. Anticó, F. Vocanson, R. Lamartine, P. Seta, *Efficient thiacalix[4]arenes for the extraction and separation of Au(III), Pd(II) and Pt(IV) metal ions from acidic media incorporated in membranes and solid phases.* Separation and Purification Technology 54 (2007) 322-328.

[140] E. L. Cussler, R. Aris, A. Bhown, *On the limits of facilitated diffusion.* Journal of Membrane Science 43 (1989) 149-164.

[141] C. Fontàs, R. Tayeb, M. Dhahbi, E. Gaudichet, F. Thominette, P. Roy, K. Steenkeste, M.-P. Fontaine-Aupart, S. Tingry, E. Tronel-Peyroz, P. Seta, *Polymer inclusion membranes: The concept of fixed sites membrane revised.* Journal of Membrane Science 290 (2007) 62-72.

[142] R. K. Biswas, M. A. Habib, M. N. Islam, *Some Physicochemical Properties of (D2EHPA). 1. Distribution, Dimerization, and Acid Dissociation Constants of D2EHPA in a Kerosene/0.10 kmol m-3 $(Na^+, H^+)Cl^-$ System and the Extraction of Mn(II).* Industrial Engineering Chemistry Research 39 (2000) 155-160.

[143] P. Zhang, T. Yohoyama, O. Itabashi, Y. Wakni, T.M. Suzuki, K. Inone, *Hydrometallurgical process for recovery of metal values from spent nickel-metal hydride secondary batteries.* Hydrometallurgy 50 (1998) 61-75.

[144] B. Galàn, F. San Romàn, A. Irabien, I. Ortiz, *Viability of the separation of Cd from highly concentrated Ni-Cd mixtures by non-dispersive solvent extraction.* The Chemical Engineering Journal 70 (1998) 237-243.

[145] T. Gumi, M. Oleinikova, C. Palet, M. Valiente, M. Munoz, *Facilitated transport of lead(II) and cadmium(II) through novel activated composite membranes containing di-(2- ethylhexyl) phosphoric acid.* Analytica Chimica Acta 408 (2000) 65-74.

[146] M.T. Draa, T. Belaid, M. Benamor, *Extraction of Pd(II) by XAD7 impregnated resins with organophosphours extractants (D2EHPA, Ionquest 801, Cyanex 272).* Separation and Purification Technology 40 (2004) 77-86.

[147] C.A. Kozlowski, *Facilitated transport of metal ions through composite and polymer inclusion membranes.* Desalination 198 (2006) 132-140.

[148] C. Kozlowski, W. Walkowiak, *Applicability of liquid membranes in chromium (VI) transport with amines as ion carrier.* Journal of Membrane Science 266 (2005) 143–150.

[149] L.Wang, W. Shen, *Chemical and morphological stability of Aliquat 336/PVC membranes extraction: A preliminary study.* Separation and Purification Technology 46 (2005) 51-62.

[150] T. Hayashita, M. Kumazawa, M. Yamamoto, *Selective of cadmium chloride complex through cellulose triacetate plasticizer membrane containing trioctylmethylammonium chloride carrier.* Chemistry Letters 25 (1996) 37-38.

[151] L. Wang, R. Paimin, R. W. Cattrall, W. Shen, S. D. Kolev, *The extraction of cadmium(II) and copper(II) from hydrochloric acid solutions using an Aliquat 336/PVC membrane.* Journal of Membrane Science 176 (2000) 105-111.

[152] Directive 91/338/CEE du Conseil du 18 juin 1991 portant dixième modification de la directive 76/769/CEE, 5 Arrêté du 2 février 1998

[153] Journal Officiel de la République Algérienne Démocratique et Populaire N° 24, 16 avril 2006.

[154] B. Saha, R. J. Gill, D. G. Bailey, N. Kabay, M. Arda, *Sorption of Cr(VI) from aqueous solution by Amberlite XAD-7 resin impregnated with Aliquat 336*. Reactive and Functional Polymers 60 (2004) 223-244

[155] W. Fresenius, W. Schneider, *Technologie des eaux résiduaires*, Springer-Verlag, France, Paris (1990).

[156] Y. Çengelogu lu, A. Tor, E. Kir, M. Ersöz, *Transport of hexavalent chromium through anion-exchange membranes*. Desalination 154 (2003) 239-249.

[157] D.Zhao, A. K. S. Gupta, L. Stewart, *Selective Removal of Cr(VI) Oxyanions with a New Anion Exchanger*. Industrial Engineering Chemistry Research 37 (1998) 4383-4387.

[158] L. K. Cabatingan, R. C. Agapay, J. L. L. Rakels, M. Ottens, A. M. van der Wielen, *Potential of Biosorption for the Recovery of Chromate in Industrial Wastewaters*. Industrial Engineering Chemistry Research 40 (2001) 2302-2309.

[159] B. Galán, D. Castañeda, I. Ortiz, *Integration of ion exchange and non-dispersive solvent extraction processes for the separation and concentration of Cr(VI) from ground waters*. Journal of Hazardous Materials 152 (2008) 795-804.

[160] M. E. Vallejo, F. Persin, C. Innocent, P. Sistat, G. Pourcelly, *Electrotransport of Cr(VI) through an anion exchange membrane*. Separation and Purification Technology 21 (2000) 61-69.

[161] P. Venkateswaran, K. Palanivelu, *Studies on recovery of hexavalent chromium from plating wastewater by supported liquid membrane using tri-n-butyl phosphate as carrier*. Hydrometallurgy 78 (2005) 107–115.

[162] Y.Wang, Y. S. Thio, F.M. Doyle, *Formation of semi-permeable polyamide skin layers on the surface of supported liquid membranes*. Journal of Membrane Science 147 (1998) 109-116.

[163] M. A. Chaudry, S. Ahmad, M. T. Malik, *Supported liquid membrane technique applicability for removal of chromium from tannery wastes*. Waste Management 17(1997) 211- 218.

[164] L. Soko, E. Cukrowska, L. Chimuka, *Extraction and preconcentration of Cr(VI) from urine using supported liquid membrane*. Analytica Chimica Acta 474 (2002) 59–68.

[165] C. Kozlowski, W. Apostoluk, W. Walkowiak, A. Kita, *Removal of Cr(VI), Zn(II) and Cd(II) ions by transport across polymer inclusion membranes with basic ion carriers*. Physicochemical Problems of Mineral Processing 36 (2002) 115-122.

[166] B. Wionczyk , W. Apostoluk, K. Prochaska , C. Kozlowski, *Properties of 4-(10-n-tridecyl)pyridine N-oxide in the extraction and polymer inclusion membrane transport of Cr(VI)*. Analytica Chimica Acta 428 (2001) 89–101.

[167] Y.M. Scindia, A.K. Pandey, A.V.R. Reddy, S.B. Manohar, *Chemically selective membrane optode for Cr(VI) determination in aqueous samples*. Analytica Chimica Acta 515 (2004) 311–321.

[168] E. Castillo, M. Granados, J. L. Cortina, *Chromium(VI) transport through the Raipore 1030 anion exchange membrane*. Analytica Chimica Acta 464 (2002) 15-23

[169] D. A. Skoog, F. J. Holler, T. A. Nieman, *Principes d'analyse instrumentale*. 5ème édition (1998) Harcourt Brace & Company, Traduit par De Boeck Diffusion s. a., (2003).

[170] J. L. Daudon, Techniques de l'Ingénieur, Vol. TA2, (2001), 1 260.

[171] J. P. Eberhart, *Analyse structurale et chimique des matériaux*, DUNOD, Paris, (1989).

[172] K. Takeshita, K. Watanabe, Y. Nakano and M. Watanabe, *Solvent extraction separation of Cd(II) and Zn(II) with the organophosphorus extractant D2EHPA and the aqueous nitrogen-donor ligand TPEN*. Hydrometallurgy 70 (2003) 63-71.

169

[173] D. D. Pereira, S. D. Ferreira Rocha, M. B. Mansur, *Recovery of zinc sulphate from industrial effluents by liquid–liquid extraction using D2EHPA (di-2-ethylhexyl phosphoric acid)*. Separation and Purification Technology 53 (2007) 89-96.

[174] R.Tayeb, S. Tingry, M Dhahbi, P. Seta, *Application de la membrane liquide supportée à l'extraction du Cr(III) par le Lasalocide A*. Journal de la Société Chimique de Tunisie 5 (2005) 187-194.

[175] R.-S. Juang, *Modelling of the competitive permeation of cobalt and nickel in di (2-ethylhexyl) phosphoric acid supported liquid membrane process*. Journal of Membrane Science 85 (1993) 157-166.

[176] N. Parthasarathy, J. Buffle, *Capabilities of supported liquid membranes for metal speciation in natural waters: application to copper speciation*. Analytica Chimica Acta 284 (1994) 649-659.

[177] C. Fontàs, V. Salvado, M. Hidalgo, *Solvent extraction of Pt(IV) by Aliquat 336 and its application to a solid supported liquid membrane system*. Solvent Extraction and Ion Exchange 17 (1999) 149-162.

[178] N.-K. Djane, K. Ndung'u, F. Malcus, G. Johansson, L. Mathiasson, *Supported liquid membrane enrichment using an organophosphorus extractant for analytical trace metal determinations in river waters*. Fresenius Journal of Analytical Chemistry 358 (1997) 822-827.

[179] A.Mellah, D.Benachour. *The solvent extraction of zinc and cadmium from phosphoric acid solution by di-2-ethyl hexyl phosphoric acid in kerosene diluent*. Chemical Engineering and Processing 45 (2006) 684-690.

[180] O. Senhadji-Kebiche, L. Mansouri, S. Tingry, P. Seta, M. Benamor, *Facilitated Cd(II) transport across CTA polymer inclusion membrane using anion (Aliquat 336) and cation (D2EHPA) metal carriers*. Journal of Membrane Science 310 (2008) 438-445.

[181] J. Kozlowska, C. A. Kozłowski, J. J. Koziol, *Transport of Zn(II), Cd(II), and Pb(II) across CTA plasticized membranes containing organophosphorous acids as an ion carriers.* Separation and Purification Technology 57 (2007) 430-434.

[182] B. Wassink, D. Dreisinger, J. Howard, *Solvent extraction separation of zinc and cadmium from nickel and cobalt using Aliquat 336, a strong base anion exchanger, in the chloride and thiocyanate forms.* Hydrometallurgy 57 (2000) 235-252.

[183] Y. M. Scindia, A. K.Pandey, A. V. R. Reddy, *Coupled-diffusion transport of Cr(VI) across anion-exchange membranes prepared by physical and chemical immobilization methods.* Journal of Membrane Science 249 (2005) 143-152.

[184] C. A. Kozlowski, W. Walkowiak, *Removal of chromium(VI) from aqueous solutions by polymer inclusion membranes.* Water Research 36 (2002) 4870-4876.

[185] C. A. Kozlowski, W. Walkowiak, W. Pellowski, J. Koziol, *Competitive transport of toxic metal ions by polymer inclusion membranes.* Journal of Radioanalytical and Nuclear Chemistry 253 (2002) 389-394.

[186] P. Venkateswaran, K. Palanivelu, *Solvent extraction of hexavalent chromium with tetrabutyl ammonium bromide from aqueous solution.* Separation and Purification Technology 40 (2004) 279-284.

[187] N. Kabay, M. Arda, B. Saha, M. Streat, *Removal of Cr(VI) by solvent impregnated resins (SIR) containing aliquat 336.* Reactive and Functional Polymers 54 (2003) 103-115.

[188] T. Vincent, E. Guibal, *Cr(VI) Extraction Using Aliquat 336 in a Hollow Fiber Module Made of Chitosan.* Industrial Engineering Chemistry Research 40 (2001) 1406-1411.

[189] A. Ouejhani, M. Dachraoui, G. Lalleve, J. F. Fauvarque, *Hexavalent Chromium Recovery by Liquid-Liquid Extraction with Tributylphosphate from Acidic Chloride Media.* Analytical Sciences 19 (2003) 1499-1504.

[190] S. L. Lo, S. F. Shiue, *Recovery of Cr(VI) by quaternary ammonium compounds.* Water Research 32 (1998) 174-178.

171

[191] F. J. Alguacil, A. G. Coedo, M. T. Dorado, A. M. Sastre, *Uphill permeation of chromium (VI) using Cyanex 921 as ionophore across an immobilized liquid membrane.* Hydrometallurgy 61 (2001) 13-19.

[192] L. Mitiche, S. Tingry, P. Seta, A. Sahmoune, *Facilitated transport of copper across supported liquid membrane and polymeric plasticized membrane containing 3-phenyl-a-benzoylisoxazol-5-one as carrier.* Journal of Membrane Science 325 (2008) 605-611.

ANNEXE

Desalination 258 (2010) 59–65

Contents lists available at ScienceDirect

Desalination

journal homepage: www.elsevier.com/locate/desal

Selective extraction of Cr(VI) over metallic species by polymer inclusion membrane (PIM) using anion (Aliquat 336) as carrier

O. Kebiche-Senhadji [a],*, Sophie Tingry [b], Patrick Seta [b], Mohamed Benamor [a]

[a] Laboratoire des Matériaux Organiques, Université de Béjaia, DZ-06000, Béjaia, Algeria
[b] Institut Européen des Membranes, UMR CNRS 5635, 2 place Eugène Bataillon, CC 047, 34095 Montpelier cedex 5, France

ARTICLE INFO

Article history:
Received 23 December 2009
Received in revised form 20 March 2010
Accepted 24 March 2010
Available online 24 April 2010

Keywords:
Polymeric plasticized membrane
Chromium(VI) extraction
Facilitated transport
Selective transport

ABSTRACT

Extraction and transport of chromium were carried out by using polymer inclusion membrane (PIM) containing Aliquat 336 as specific carrier. Cellulose triacetate (CTA) and polyvinyl chloride (PVC) (three different types of PVC) were used as polymer matrix for preparing the PIM. The fraction of Aliquat 336 was varied to determine the optimum composition with respect to physical properties and extraction capability of the membranes. The effect of polymer matrix, plasticizer characteristic, carrier concentration, and feed and strip phase composition were investigated on the transport of Cr(VI). In feed phase containing $2 \cdot 10^{-4}$ M Cr (VI) at pH 1.2 (H_2SO_4), 80% of Cr(VI) was transported through the PIM in 8 h by using 0.1 M NaOH as stripping phase. In these conditions, chromium(VI) concentration in the source aqueous phase was reduced from $10 \cdot 2$ mg L^{-1} to 0.2 mg L^{-1} (the maximal concentration of chromium tolerated being 0,5 mg L^{-1} in discharges). Competitive transport of various metallic ions was performed and it was shown that the composition of the feed based on anionic species SO_4^{2-} was an important parameter to get selective and efficient PIM towards Cr(VI) transport. The metal ions Ni(II), Zn(II), Cd(II) and Cu(II) were not transported through the PIM, while a very weak percentage of the Zn(II) was transported (0.12 %). However, a high recovery factor (92 %) of Cr(VI) was obtained, indicating that $HCrO_4$, present in the studied range of H_2SO_4 concentration, had the highest affinity to the ionic carrier.

© 2010 Elsevier B.V. All rights reserved.

Available online at www.sciencedirect.com

Journal of Membrane Science 310 (2008) 438–445

journal of
MEMBRANE
SCIENCE

www.elsevier.com/locate/memsci

Facilitated Cd(II) transport across CTA polymer inclusion membrane using anion (Aliquat 336) and cation (D2EHPA) metal carriers

Ounissa Kebiche-Senhadji[a], Lynda Mansouri[a],
Sophie Tingry[b], Patrick Seta[b], Mohamed Benamor[a],*

[a] *Laboratoire des Matériaux Organiques, Université de Béjaia, DZ-06000 Béjaia, Algeria*
[b] *Institut Européen des Membranes, UMR CNRS 5635, 2 Place Eugène Bataillon CC 047,
34095 Montpellier Cedex 5, France*

Received 31 July 2007; received in revised form 8 November 2007; accepted 12 November 2007
Available online 19 November 2007

Abstract

PIMs have been involved as affinity membranes for recovery of metals (Cd, Pb, Zn) by facilitated transport from aqueous solutions under different speciation forms, either anionic or cationic. The motivation of this work is to compare the efficiency of the recovery process in the case of Cd(II) using extractants such as D2EHPA and Aliquat 336 that can form complexes with the cation Cd^{2+} or the anions $CdCl_3^-$ and $CdCl_4^{2-}$, respectively. The maximal Cd(II) recovery factors obtained in 8 h are 97.5% and 91.8% with D2EHPA and Aliquat 336, respectively. Although the transport fluxes with both carriers are not strongly different (ca. $2 \mu mol\, m^{-2}\, s^{-1}$), the recovery process in case of mixture of metals is better achieved with Aliquat 336. PIMs have shown a very good stability and a constancy of the transmembrane transport flux over 12 replicate measurements, each one lasting for 8 h repeated every 24 h.
© 2007 Elsevier B.V. All rights reserved.

Keywords: Polymer inclusion membrane (PIM); Facilitated membrane transport; Metal ions separation and recovery; Aliquat 336; D2EHPA